香港觀鳥會 編著
HONG KONG BIRD WATCHING SOCIETY

香港
觀鳥小圖鑑

陸地
鳥類篇

A mini photographic guide of HK Terrestrial Birds

鳴謝

香港觀鳥會《香港觀鳥小圖鑑・陸地鳥類篇》製作組

攝影： Aka Ho、孔思義、黃亞萍、文權溢、王學思、古愛婉、
甘永樂、朱詠兒、朱錦滿、何志剛、何建業、何國海、
何萬邦、何錦榮、余柏維、吳璉宥、呂德恒、宋亦希、
李君哲、李佩玲、李炳偉、李偉仁、李啟康、李雅婷、
周家禮、林文華、洪國偉、夏敖天、馬志榮、蔡美蓮、
崔汝棠、張玉良、張振國、深　藍、許淑君、郭匯昌、
陳志雄、陳佳瑋、陳家強、陳家華、陳燕明、陳燕芳、
陶偉意、勞浚暉、森美與雲妮、馮少萍、馮啟文、
蕭敏晶、馮漢城、黃卓研、黃理沛、江敏兒、葉紀江、
詹玉明、劉柱光、鄧玉蓮、鄭偉強、鄭諾銘、謝鑑超、
羅錦文、關子凱、關朗曦

文稿組織： 呂德恒

編輯及校對： 王學思、余秀玲、呂德恒、林傲麟、洪維銘（統籌）、
馬志榮、馮寶基、劉偉民、蔡松柏、羅偉仁

香港觀鳥會簡介

香港觀鳥會成立於1957年，以推廣欣賞及保育香港的鳥類及其生境為宗旨。

香港觀鳥會的宗旨是：

1. 進行各項鳥類及其生態的研究和調查；
2. 推廣欣賞及認識雀鳥；
3. 參與鳥類、野生動物和自然生態的保育；
4. 促進市民認識和遵守保護鳥類的法例。

香港觀鳥會於 2013 年正式成為國際鳥盟成員（BirdLife Partner），國際鳥盟是一個世界性的鳥類保育機構聯盟，全球有超過一百個地區成員，是鳥類生態保育研究方面最權威的組織。此外，香港觀鳥會亦派員擔任東方鳥會的地區代表，交流亞洲鳥類訊息。

本會會員來自社會各階層，只要喜歡雀鳥、熱愛戶外活動，並願意保護香港鳥類、動植物和自然生態，就可以成為香港觀鳥會的一份子。會員享有以下各項福利：

▌ 參加由資深會員帶領的野外觀鳥活動；

▌ 參與各項會員活動及講座，與其他志同道合的鳥友分享觀鳥經驗和心得；

▌ 獲贈一年四期的《會員通訊》，內容包括本會消息、文章、環境保育消息和本會活動預告等；

▌ 獲贈記錄香港鳥類資料的《香港鳥類報告》；

▌ 參與環境保育及教育推廣工作；

▌ 以優惠價購買書籍，優先選購精美鳥類紀念品。

香港觀鳥會的主要工作有：

自然保育及鳥類記錄

香港觀鳥會是一個擁有鳥類專業知識的非政府組織，對一些可能影響香港鳥類生態的發展，不論是政府或其他機構倡議的項目，屬下的自然保育委員會都會提出我們的意見。

紀錄委員會則負責審核和出版香港野生鳥類紀錄。此外，香港觀鳥會會員亦積極參與國際性會議，與海外機構交流訊息。以下是一些相關活動的例子：

- 對本港各項與鳥類保育有關的事項提出意見；
- 向政府提供改善生態環境與保護鳥類措施的專業意見，如保護黑臉琵鷺、鷺鳥繁殖及燕鷗繁殖等等；
- 參與國際鳥盟編訂的《亞洲鳥類紅皮書》及《亞洲重點鳥區》資料搜集工作；
- 1973年爭取成立米埔自然保護區，此後本會一直持續致力於保護區的保育工作。

研究調查

要推動自然保育，需要充分掌握鳥類和有關生態環境的資料。香港觀鳥會一直進行多項研究，包括：

- 長期搜集、審核和保存香港的鳥類紀錄
- 米埔內后海灣國際重要濕地水禽普查
- 越冬黑臉琵鷺的年齡分布研究
- 黑臉琵鷺全球同步普查
- 燕鷗繁殖普查
- 冬季鳥類普查
- 繁殖鳥類普查
- 編寫《香港鳥類報告》及更新《香港鳥類名錄》

教育推廣

香港觀鳥會經常舉辦不同類型活動和出版刊物，引領市民欣賞鳥類和自然環境，鼓勵市民一起保護我們的自然生態，例如：

- 舉辦野外觀鳥活動
- 協助會員組織內地或海外觀鳥活動
- 定期舉辦鳥類講座和圖片欣賞會
- 舉辦觀鳥及自然保育有關的活動、講座及訓練
- 推動學校、機構及社區觀鳥計劃

我們需要你的支持，一起保護香港的野生生物和自然環境。

電　話：(852) 2377 4387　　傳　真：(852) 2314 3687
網　頁：www.hkbws.org.hk　　電　郵：hkbws@hkbws.org.hk
地　址：香港九龍青山道532號偉基大廈7樓C室
Facebook：香港觀鳥會

序

今時今日，假如有人說工餘時間會去觀鳥，相信已不會有人問甚麼是觀鳥，反而會問：「幾時帶埋我去觀鳥？」

這不單是世界潮流，也是時代轉變。更多香港人喜歡大自然，享受大自然，愛護大自然。更多人在大自然找到自己的另一面，世界的另一面。因此，有人以大自然的樂趣平衡日常工作的疏離感；有人被大自然廓闊了視野，最終尋回自己；有人全身投入大自然，以保育大自然為志業。

鳥類的魅力無疑是開啟大自然的萬能匙，任何人都可以輕易從鳥類出發，享受大自然的無限旅程，發現迥然不同的精采。香港觀鳥會以過去60年的經驗向你「保證」，鳥類會帶你感受地球上最精采的大自然世界，否則原銀奉還！

香港觀鳥

目錄 Contents

如何使用這本書

❶ **純色鷦鶯**
❶ **Plain Prinia** *(Prinia inornata)* ❷

❸

🔊 1042.mp3 ❾

扇尾鶯科　CISTICOLIDAE ❹

外貌和黃腹鷦鶯相若，但頭偏褐，眼前有黃色短眉紋。全身較灰頭鷦鶯褐色，❺ 嘴較粗，尾亦較長，底部末端顏色較淡。叫聲為「tee-tee-tee」，好像絞動魚桿時發出的聲響。喜在近水的開闊田野及草坡活動。

| 1 | 2 | 3 | 4 | 5 | 6 | 7 | 8 | 9 | 10 | 11 | 12 |
❻

❿

❼
- 🐦 褐頭鷦鶯
- 🔊 鳴禽
- 📏 15cm
- 🐦 雌雄同色
- 🌳
- ⊙ R
- ❤ 常見

雀形目　Passeriformes

❽
1 成鳥（2008/8 • 馮漢城）
2 繁殖羽（2007/3 • 朱錦滿）
3 幼鳥（2008/9 • 許淑君）

105

① ▌中、英文名稱

② ▌學名

③ ▌讀音及鳥鳴

④ ▌本地拍攝的彩色照片

⑤ ▌描述鳥種外形特徵和特別行為

⑥ ▌常見月份

| 1 | 2 | 3 | 4 | 5 | 6 | 7 | 8 | 9 | 10 | 11 | 12 |

⑧ ▌圖片說明

⑦

🏷 中文別名

🐦 習性分類

📏 體長

♀ 雌雄色

🌿 生態環境

🏠 本地居留狀況
  R留鳥
  W冬候鳥
  S夏候鳥
  M過境遷徙鳥
  SpM春季過境遷徙鳥
  AM秋冬過境遷徙鳥

👁 本地常見程度

⑨ ▌本書採用 QR Code 發聲系統，只要使用手機上的 QR Code 程式掃瞄書上出現的 QR Code，就可聆聽雀鳥的粵語讀音、英語讀音、普通話讀音及鳥鳴錄音，而 QR Code 旁出現 "🔊"，則代表該段錄音具有鳥鳴部分。

⑩ ▌地圖

指出該鳥較常出現的地區，或曾經出現過的地區，而並非是該鳥在全球的分布圖。

注：全粉藍色的地圖指在全球廣泛地區出現

生態環境說明的術語解釋：

🏞	濕地（淡水—魚塘、濕農地）
🏞	濕地（鹹淡水—蘆葦、紅樹林、基圍、泥灘）
🏞	溪流
🏔	海洋、沿岸和海島
🌳	開闊原野（灌木叢、草地、仍有耕作或棄耕的農地）
🌲	林地
⛰	高地
🏢	市區

圖片說明的術語解釋：

幼鳥	離巢後至第一次換羽之間的鳥。
成鳥	鳥類的羽毛變化到了最後一個階段，即以後的羽色及模式不會再有變化。
未成年鳥	除了成鳥之外的所有階段。
繁殖羽	鳥類在繁殖季節呈現異常鮮艷的顏色。
非繁殖羽雄鳥	部分雄性鳥類在繁殖期過身上出現類似雌鳥的毛色，主要見於鴨類和太陽鳥。

陸地鳥類的生境

開闊原野

開闊原野泛指一些開闊、有植被覆蓋但樹木不多、無人居住的土地，例如灌叢、草坡和一些荒廢田野，有些更長期積水及長滿雜草。這類環境在香港很普遍，在林地外圍，可找到杜鵑、鴉鵑、鵙；入夜後，還可以找到或聽到夜鷹和貓頭鷹的叫聲。在尖鼻咀、新田、落馬洲、洞梓、鹿頸、榕樹澳等地，都有大片這類生境。

※ 呂德恒 Henry Lui（2005）

林地

在十九世紀，外國人普遍形容香港是「一塊光禿無樹的石頭」，當時的植被多為各村落後山的風水林。現時香港大部分林地都是二次大戰後重生的次生林，大部分都在郊野公園內，受到相當好的保護。由於較少人為干擾，加上林木漸趨成熟，逐漸吸引喜愛林地的鳥種，如擬啄木鳥、山椒鳥、鵑鵙、鶇、鶯、山雀、太陽鳥、鶲及啄花鳥等。熱門的觀林鳥地點有大埔滘自然護理區、城門水塘、甲龍、龍虎山、大潭水塘等。

※ 呂德恒 Henry Lui

※ 呂德恒 Henry Lui

高地

香港的高地和山坡較乾燥，長滿了灌叢和蕨，是尋找猛禽（如鷹、鵟和隼）的理想地方。在較高的山坡，可以見到鷦鴣、大草鶯和山鷚。大帽山和飛鵝山都有這種高地生境。

※ 呂德恒 Henry Lui

※ 呂德恒 Henry Lui

市區

香港的市區都集中在沿岸的平地，有些鳥類已適應了在市區生活，建築物可以保護牠們免受狂風暴雨和天敵的威脅。路旁及屋苑的樹木為鳥類提供晚上停棲的地方，屋簷成為雨燕和家燕營巢的上佳選擇，公園更是鳥類覓食和棲息的地方。麻雀、八哥、喜鵲等已能在都市繁衍下一代。

※ 呂德恒 Henry Lui

15

觀鳥地點

觀鳥地點	交通	預計觀鳥時間

開闊原野　　林地　　高地　　市區

飛鵝山	彩虹港鐵站乘計程車經飛鵝山道往基維爾營，在往基維爾營的標誌下車，然後步行下山回彩虹或沿衛奕信徑往西貢蠔涌方向步行下山。	2小時
大帽山	荃灣港鐵站乘51號巴士，在大帽山郊野公園路口下車，步行上山；或乘計程車前往大帽山近山頂的閘口，再往山上觀鳥或步行下山。	2小時
榕樹澳	沙田市中心乘299號往西貢的巴士，在水浪窩下車，沿往榕樹澳的車路步行約30鐘。	2小時
沙羅洞	大埔墟港鐵站乘巴士74K，在鳳園下車，沿路上山；或可在大埔墟乘計程車直接前往沙羅洞。山上可通往鶴藪水塘。	3小時
船灣、洞梓、汀角	大埔港鐵站乘74K往大美督巴士，在三門仔、洞梓或汀角下車。	3小時
洲頭	元朗或上水乘76K巴士，或上水新發街或元朗水車館街乘17號小巴，在洲頭下車，沿路上山。	2小時
香港仔水塘	香港仔市中心沿石排灣路步行上山，另一方便的方法是乘坐計程車直接前往香港仔郊野公園或任何往石排灣邨的交通工具。	2小時
摩星嶺	往堅尼地城乘5B或47號巴士到摩星嶺總站，從山腳上山；或乘計程車往山頂青年旅舍，步行下山。	2小時

觀鳥地點	交通	預計觀鳥時間
龍虎山和柯士甸山	穿過香港大學校園，沿克頓道往山頂，或到達龍虎亭後，沿小山路下山。	2小時
馬己仙峽	中環交易廣場乘15號往山頂巴士在舊山頂道和僑福道交界的車站下車。	2小時
大埔滘自然護理區	大埔墟港鐵站乘70、72、73A或74A巴士，或乘計程車前往。	4小時
城門水塘	荃灣港鐵站附近兆和街乘82號專線小巴前往城門郊野公園。	3小時
梧桐寨	太和港鐵站乘64K往元朗巴士，在梧桐寨站下車，沿路入梧桐寨村，經萬德寺上山，沿路經過多個瀑布。沿路可步行上大帽山頂。	3小時
碗窰	大埔墟港鐵站步行，穿過運頭塘村，到達運路，再沿路步行至碗窰。	1小時
大蠔河	大嶼山東涌港鐵站乘計程車到白芒村，沿路經白芒學校、牛牯塱村到達大蠔灣。沿路上山步行1.5小時可到達梅窩，乘坐小輪返市區。	4小時
香港公園	金鐘港鐵站大古廣場後面。	1小時
香港動植物公園	中環港鐵站步行到花園道。公園入口位於花園道上山方向的右邊。	1小時
九龍公園	入口位於尖沙咀港鐵站A1出口。	2小時
彭福公園	沙田火炭港鐵站附近。	2小時

觀鳥裝備

光學儀器

一般來説,觀鳥主要的「工具」是我們的眼睛,但假如距離太遠,便需要借助光學儀器把雀鳥放大,以便清楚觀察。

1. 雙筒望遠鏡 —— 用來觀察飛行中或近距離的雀鳥

一般品牌都會在鏡上刻上一組數字,例如「10 × 40 7.3°」,「10 × 40」表示望遠鏡的放大倍數是10倍,物鏡直徑為40毫米;而「7.3°」則表示視場(鏡中可見的視野範圍)為7.3度。

選擇適當的雙筒望遠鏡需要考慮下列因素:

倍　　數 ——	觀鳥用的望遠鏡以7至10倍為佳。倍數太小難以看清楚細節,太大則無法穩定,影像亦較暗。物鏡直徑宜於35至50毫米之間,雖然物鏡越大集光能力越強,但太大則過於笨重,不利長時間使用。
相對亮度 ——	相對亮度依(直徑 ÷ 倍數)^{2}公式計算,如10 × 40望遠鏡的相對亮度為16。相對亮度以9至25之間較理想。
鍍　　膜 ——	應選擇有透明鍍膜的望遠鏡。
視場角度 ——	適宜在5.5度以上。
鏡身重量 ——	觀鳥時望遠鏡掛在頸上,900克以下較為合適。
對　　焦 ——	應選擇手動調焦的望遠鏡,並且以中置對焦為佳。坊間有自動對焦或不用對焦的望遠鏡,不便用來觀察近處的雀鳥。最近對焦距離愈短愈好。
稜　　鏡 ——	傳統折角式稜鏡組合比較簡單,但是體積和重量都比較大。 直筒式稜鏡構造緊密,稜鏡和鏡片不易移位,重量也較輕巧。歐洲名牌大都有內置調焦功能,抗潮防塵能力較好,部分更經過充氮防水處理。

※ 呂德恒 Henry Lui

2. 單筒望遠鏡 —— 用來觀察距離遠並且比較不活躍的雀鳥
單筒望遠鏡倍數較高，主要用來觀賞水鳥，因為距離通常較遠。
物鏡直徑以60至80毫米為佳。如選用有變焦功能的目鏡，20至
60倍變焦較為合適。

3. 三腳架
單筒望遠鏡必須架於三腳架上，三腳架需穩固，負重能力要高，
以免在強風中抖動。可選擇有快速收放腳管的設計。

圖鑑

圖鑑幫助我們辨認雀鳥，以及提供鳥類的棲息地點、分布範圍和
行為習性等相關資料。圖鑑分兩種，即攝影圖鑑和手繪圖鑑。

選擇鳥類圖鑑時，應考
慮使用環境，如要拿到
野外使用，可放在口袋
的圖鑑會方便些，可能
的話可以選購平裝版
本，既實惠又輕便。

※ 呂德恒 Henry Lui

筆記簿、筆

* 筆記簿宜有硬皮、印有行線、袋裝大小、釘裝結實，另外可加一條橡皮圈作書籤。應使用原子筆，避免用水筆，以免雨水令字跡變得模糊。

※ 呂德恒 Henry Lui

* 遇到未能辨認的鳥類，應立即做筆記，記下形態和特徵，然後向資深鳥友請教，或者可以登入香港觀鳥會網上討論區（www.hkbws.org.hk）留言討論，交流經驗。

* 做筆記可以大大提升在野外辨識鳥類的能力。筆記內容愈詳細愈好，包括日期、地點、天氣、鳥類特徵、形態、行為習性、叫聲、種群數量、海拔高度等。

※ 呂德恒 Henry Lui

出發時的準備

避免穿著顏色太鮮艷的服飾，宜選擇綠、啡、藍等配合自然環境的顏色。

不同野鳥有不同的觀察時間，因此應在出發前了解目的地和路線，以便安排行程。觀察林鳥應在清晨時分，觀察海岸附近的濕地水鳥則要注意潮汐時間，宜於大潮前或後到泥灘附近守候。米埔泥灘的理想潮水高度約2.1米左右，尖鼻咀則為1.4米。觀賞猛禽可選擇中午時分到開闊原野，猛禽會利用從地面上升的熱空氣在空中盤旋。觀察農地或城市鳥類，宜於清晨或黃昏時分，因為雀鳥在中午時不太活躍。海鳥可於夏季時到離岸小島附近海面遠距離觀察，千萬不要登島干擾雀鳥。

鳥種方面，出發前應搜集資料，了解當地的生態環境，配合當時的季節，在圖鑑上查閱可能會遇見的鳥種、辨識要點、常見程度等。準備愈充分，收獲愈豐富。

野外觀鳥小貼士：

發現鳥蹤時，立即保持靜止，原地舉起望遠鏡觀察，動作不要過大。如距離太遠，可輕步走近目標觀察，但切記點到即止，不要干擾雀鳥。

使用雙筒望遠鏡的正確方法，是先用眼睛尋找鳥的位置並盯緊，然後舉起望遠鏡瞄準和對焦。舉鏡前要同時留意鳥的位置及周圍的物件，如樹枝等，以便在鏡中定位。舉鏡後可能要作窄幅度上下掃瞄找尋目標，多加練習便可以很快上手。

提交觀鳥紀錄

香港觀鳥會的紀錄委員會自一九五七年起收集香港的鳥類記錄，覆核鳥類狀況、反映環境變化等資料，這些資料對鳥類的保護工作及自然保育有莫大幫助。

香港觀鳥會鼓勵任何人士，每次觀鳥後，都整理觀鳥記錄及轉交香港觀鳥會，記錄的鳥種不一定是罕見雀鳥，事實上香港觀鳥會正需要很多普通鳥類的記錄，以便掌握本地鳥種數量、遷徙分布和趨勢，以及展開相關的調查工作。

讀者可以在香港觀鳥會網頁（www.hkbws.org.hk）下載記錄表格，這個檔案亦包括最新的香港鳥類名錄，另外亦同時上載罕有雀鳥紀錄表格，用作遞交罕見記錄。表格可以電郵（hkbws@hkbws.org.hk）呈交。

※ 呂德恒 Henry Lui

觀鳥及鳥類攝影守則

為了減少觀鳥活動或鳥類攝影對雀鳥的干擾，香港觀鳥會制訂了一套守則供市民參考，希望可以作為上述活動一套良好行為的模範。

1. 以鳥為先

無論是進行觀鳥活動或鳥類攝影，應盡量不影響鳥類的正常活動為原則，以免造成干擾。

a. 如果發現雀鳥顯得不安，有規避或其他異常反應，便要馬上停止；
b. 如果觀看或拍攝的人太多，更應特別注意；
c. 不要嘗試影響雀鳥的行為，例如驚嚇、驅趕或使用誘餌；
d. 少用閃光燈；
e. 不要破壞自然環境。

2. 保護敏感地點

雀鳥的營巢地點、海鳥繁殖的小島、稀有鳥種停棲的地點等都特別容易受到干擾，要加倍留意。

a. 保持適當距離，避免令雀鳥受到脅逼；
b. 不要登上有海鳥繁殖的小島；
c. 不要干擾鳥巢或周圍的植被，以免親鳥棄巢或招來天敵襲擊；
d. 不要隨便公開或透露敏感地點的位置，向不認識守則的人清楚解釋，以免帶來干擾；
e. 留意自己的行為，以防招惹好奇的人干擾。

3. 舉報干擾

如果發現有人干擾或傷害雀鳥，在安全情況下宜向他們解釋和勸止。如果未能阻止，請拍照記錄，並盡快向漁農自然護理署舉報。

4. 尊重他人

a. 避免干擾其他在場觀鳥和拍攝的人，讓大家都可以享受其中的樂趣；
b. 小心不要破壞當地的設施或農作物。

鳥類身體辨識

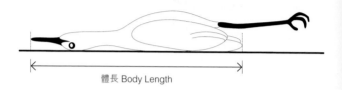

體長 Body Length

注：鳥的體長是指鳥在完全伸展的狀態下，嘴尖至尾羽末端的長度。

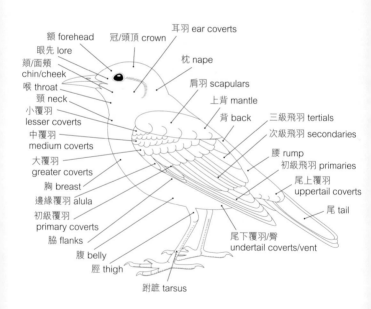

額 forehead
冠/頭頂 crown
耳羽 ear coverts
眼先 lore
頰/面頰 chin/cheek
喉 throat
枕 nape
頸 neck
肩羽 scapulars
小覆羽 lesser coverts
上背 mantle
中覆羽 medium coverts
背 back
三級飛羽 tertials
大覆羽 greater coverts
次級飛羽 secondaries
胸 breast
腰 rump
邊緣覆羽 alula
初級飛羽 primaries
初級覆羽 primary coverts
尾上覆羽 uppertail coverts
脇 flanks
尾 tail
腹 belly
脛 thigh
尾下覆羽/臀 undertail coverts/vent
跗蹠 tarsus

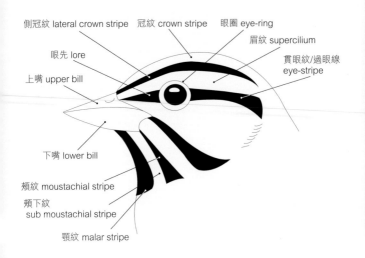

側冠紋 lateral crown stripe　冠紋 crown stripe　眼圈 eye-ring
眉紋 supercilium
貫眼紋/過眼線 eye-stripe
眼先 lore
上嘴 upper bill
下嘴 lower bill
頰紋 moustachial stripe
頰下紋 sub moustachial stripe
頷紋 malar stripe

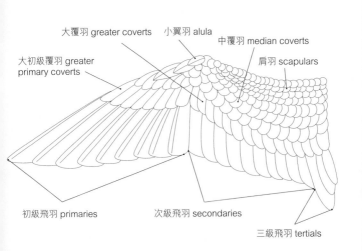

大覆羽 greater coverts　小翼羽 alula　中覆羽 median coverts
肩羽 scapulars
大初級覆羽 greater primary coverts
初級飛羽 primaries
次級飛羽 secondaries
三級飛羽 tertials

世界分布

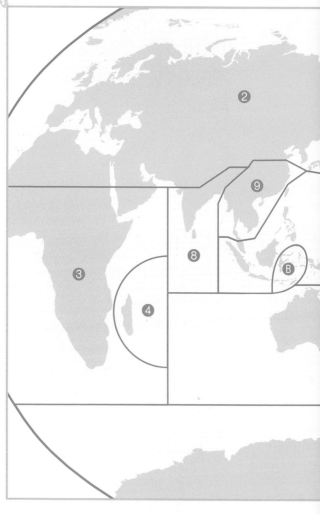

① 北美地區　　　　④ 印度洋
② 歐亞大陸及非洲北部　⑤ 中美洲
③ 非洲中南部地區　　　⑥ 南美洲

⑦ 加拉帕戈斯群島
⑧ 印度次大陸及中國的西南地區
⑨ 中南半島和中國的東南沿海地區

Ⓐ 太平洋諸島嶼
Ⓑ 華萊士區
Ⓒ 澳大利亞和新西蘭
Ⓓ 南極地區

隼形目
Falconiformes

黑鳶

Black Kite *(Milvus migrans)*

[1]

香港最常見的猛禽，全身大致深褐色，耳羽深色。經常在高空盤旋，初級飛羽分開像手指；尾羽楔形，末端開叉，可以此和其他猛禽區別。間中停在木桿或樹上，叫聲為一聲長嘯後有數節短促的嘯聲。常見於市區上空，在香港繁殖。晚間停棲在林區，昂船洲和馬己仙峽都是主要的夜棲地點。

| 1 | 2 | 3 | 4 | 5 | 6 | 7 | 8 | 9 | 10 | 11 | 12 |

名 麻鷹、黑耳鳶

習 猛禽

長 58-69cm

色 雌雄同色

生境

W,R

常見

[1] 成鳥（2007/5 • 鄧玉蓮）
[2] 成鳥（2006/1 • 呂德恒）
[3] 幼鳥（2007/11 • 陳佳瑋）

29

蛇鵰

Crested Serpent Eagle *(Spilornis cheela)*

🔊 102.mp3

中型猛禽，飛行時飛羽及尾端有明顯的淺色橫帶。幼鳥羽色較淡，翅膀佈滿黑點和橫紋。盤旋時翅膀呈淺 V 型；站立時可見獨特的冠羽，後枕和腹部有白色斑點。高空盤旋時會發出多節嘯聲，遠處也可以聽到。

| 1 | 2 | 3 | 4 | 5 | 6 | 7 | 8 | 9 | 10 | 11 | 12 |

🐣 -
🦅 猛禽
📏 51-71cm
👁 雌雄同色

🏠 R
👁 常見

1 成鳥（2008/12・郭匯昌）
2 成鳥（詹玉明）
3 （詹玉明）

鳳頭鷹

Crested Goshawk *(Accipiter trivirgatus)*

中型猛禽。雄鳥深灰褐色,胸、腹有褐色橫紋。飛行時翅膀短圓,次級飛羽較長成圓弧狀,白色尾下覆羽突出,有時會抖動雙翼展示。雌鳥和幼鳥羽色偏褐。

| 1 | 2 | 3 | 4 | 5 | 6 | 7 | 8 | 9 | 10 | 11 | 12 |

名 鳳頭蒼鷹
食 猛禽
長 40-46cm
性 雌雄異色
境
居 R
見 不常見

1 成鳥(2003/12 • 陳家強)
2 成鳥(2008/5 • 馮漢城)
3 幼鳥(2007/6 • 夏敖天)

普通鵟
Eastern Buzzard *(Buteo japonicus)*

🔊 104.mp3

〔1〕

中型猛禽，羽色多變，深淺不一。全身褐色，下體淡黃褐色，有淡褐色縱紋；飛行時翼圓而寬，尾部呈扇形。翼尖黑色，翼底淺色，翼角有黑斑。有時站在枯樹或電燈柱上。

| 1 | 2 | 3 | 4 | 5 | 6 | 7 | 8 | 9 | 10 | 11 | 12 |

🏷 -

🦅 猛禽

📏 54cm

⚥ 雌雄同色

W,SpM,AM

👁 常見

〔2〕

〔3〕

〔1〕成鳥（2007/11 • 鄭兆文）
〔2〕成鳥（深藍）
〔3〕幼鳥（2006/12 • 夏敖天）

紅隼
Common Kestrel *(Falco tinnunculus)*

🔊 105.mp3

1

小型猛禽。成鳥背部紅棕色，尾羽末端有黑色橫帶。雄鳥頭、腰及尾部灰色，雌鳥及幼鳥則為紅棕色。飛行時經常定點振翅，扇展尾部，再俯衝捕捉獵物。

1	2	3	4	5	6	7	8	9	10	11	12

名 -

猛禽

30-35cm

雌雄異色

AM,W

常見

3

[1] 雄鳥（2005/3 • 呂德恒）
[2] 雌鳥（2008/12 • 郭匯昌）
[3] 幼鳥（2007/3 • 森美與雲妮）

遊隼

Peregrine Falcon *(Falco peregrinus)*

🔊 106.mp3

中型猛禽，軀體粗壯。成鳥上體灰色，下體白色並有深色細橫紋，臉部有深色粗頰紋。幼鳥偏褐色，胸部有褐色縱紋。

1	2	3	4	5	6	7	8	9	10	11	12

🏷 -

🦅 猛禽

📏 38-48cm

⚥ 雌雄同色

🏠 R,W

❖ 稀少

1 雄鳥（2008/1 • 郭匯昌）
2 成鳥（2008/7 • 陳家強）
3 幼鳥（2006/12 • 何建業）

鴿形目
Columbiformes

201.mp3

原鴿
Domestic Pigeon *(Columba livia)*

羽色多變，通常頭深灰色，頸部有綠色和紫色金屬光澤，翼尖和尾黑色，軀體藍灰色，並有兩條寬闊黑色翼帶。市區常見的多為野化了的家鴿。聲音為低沉的咕咕聲。

| 1 | 2 | 3 | 4 | 5 | 6 | 7 | 8 | 9 | 10 | 11 | 12 |

名 -

陸禽

32cm

雌雄同色

R

常見

1 成鳥（2008/10 • 鄧玉蓮）
2 成鳥（2007/7 • 陳佳瑋）
3 未成年鳥（2006/8 • 林文華）

山斑鳩

Oriental Turtle Dove *(Streptopelia orientalis)*

 ◀))202.mp3

體型較珠頸斑鳩大，頸側有黑白相間的斑紋。背部至腰部藍灰色，嘴細而黑，腳紅色。翼上覆羽深灰而邊緣褐色，貌似鱗片。飛行時尾部深灰色，楔形，末端有白帶。

| 1 | 2 | 3 | 4 | 5 | 6 | 7 | 8 | 9 | 10 | 11 | 12 |

🐦 名 -

🦜 陸禽

📏 35cm

👁 雌雄同色

🌿🌳🌳🏙

☀ W,SpM,AM

👁 常見

[1] 成鳥（2008/11・林文華）
[2] 成鳥（2004/11・孔思義・黃亞萍）
[3] 幼鳥（2006/11・何志剛）

珠頸斑鳩
Spotted Dove *(Steptopelia chinensis)*

🔊 203.mp3

常見的斑鳩。後頸黑色且滿布白點，頭灰色，全身褐色，嘴黑色，腳紅色。飛行時尾羽外側末端白色。雄鳥求偶時會鼓起喉頭，不斷向雌鳥鞠躬點頭。聲音為低沉的「咕咕」聲。幼鳥大致淡灰褐色，後頸沒有黑斑和白點。

| 1 | 2 | 3 | 4 | 5 | 6 | 7 | 8 | 9 | 10 | 11 | 12 |

🏷 名 -

🦅 陸禽

📏 30cm

⚥ 雌雄同色

🌳 🌳 🏢

🔤 R

👁 常見

1 成鳥（2008/9 • 郭匯昌）
2 成鳥（2003/8 • 呂德恒）
3 幼鳥（2006/10 • 夏敖天）

鸚形目

Psittaciformes

小葵花鳳頭鸚鵡
Yellow-crested Cockatoo *(Cacatua sulphurea)*

🔊 301.mp3

1

外 地引入鳥種，全身白色，嘴和腳灰黑，不時豎起黃色或橙色冠羽。大多棲於香港公園和香港動植物公園內的樹洞。通常小群活動，叫聲沙啞嘈吵。

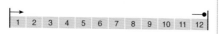

| 1 | 2 | 3 | 4 | 5 | 6 | 7 | 8 | 9 | 10 | 11 | 12 |

🏷 -

🐦 攀禽

📏 33cm

⚥ 雌雄同色

🌳🏙

🔄 R

👁 常見

3

2

1 成鳥（2008/3 • 陳志雄）
2 成鳥（2008/11 • 李佩玲）
3 成鳥（2004/11 • 呂德恒）

紅領綠鸚鵡

Rose-ringed Parakeet *(Psittacula krameri)*

302.mp3

外 地引入鳥種，全身綠色，嘴紅色，眼圈紅色。雄鳥頸部有粉紅色細領環，環上有黑邊；頸側至後頸沾藍，尾部藍色。展翅滑翔時狀似「十」字，在市區內大型公園出現。

| 1 | 2 | 3 | 4 | 5 | 6 | 7 | 8 | 9 | 10 | 11 | 12 |

名 -

攀禽

37-43cm

雌雄異色

R

稀少

3

1 雄鳥（2007/4 • 黃卓研）
2 雌鳥（2008/6 • 李佩玲）
3 （2005/3 • 呂德恒）

303.mp3

亞歷山大鸚鵡

Alexandrine Parakeet *(Psittacula eupatria)*

鸚鵡科　PSITTACIDAE

外 地引入鳥種，全身綠色，嘴大紅色，
虹膜黃色。頸上有紅領環，肩部紅色。
飛行時像綠色的十字架，尾尖。常小群出現。

1	2	3	4	5	6	7	8	9	10	11	12

名 -

攀禽

42cm

雌雄異色

-

稀少

1 雄鳥（2004/5 • 呂德恒）
2 雄鳥（2006/2 • 許淑君）
3 成鳥（2004/5 • 呂德恒）

鸚形目　Psittaciformes

42

鵑形目
Cuculiformes

紅翅鳳頭鵑

Chestnut-winged Cuckoo *(Clamator coromandus)*

外型獨特，有黑色的長冠羽和長尾。後頸有白帶、上體黑色而帶藍黑光澤，喉、上胸和翼栗色，下體偏白。不斷發出「必必…必必」的叫聲，日夜不停。

1

| 1 | 2 | 3 | 4 | 5 | 6 | 7 | 8 | 9 | 10 | 11 | 12 |

名 -

攀禽

46cm

雌雄同色

S

不常見

3

2

1 成鳥（2007/4 • 伍昌齡）
2 成鳥（張振國）
3 成鳥（2006/6 • 何志剛）

鷹鵑

Large Hawk Cuckoo *(Hierococcyx sparverioides)*

🔊 402.mp3

杜鵑科　CUCULIDAE

嘴 黃色，上嘴端向下彎，眼圈黃色，腳黃色。面頰淡灰色，頭、背、翼及尾上深灰褐色，尾部黑白和褐色橫紋相間。下體白色，喉至胸有深色縱紋，胸部紅褐色，十分明顯。幼鳥上體有紅褐色橫紋，下體偏褐而有深色縱紋。春、夏叫聲為不斷重複的「brain fever」聲。

| 1 | 2 | 3 | 4 | 5 | 6 | 7 | 8 | 9 | 10 | 11 | 12 |

🏷 大鷹鵑

🦅 攀禽

📏 40cm

⚥ 雌雄同色

🌳 🌳🌳

🔵 S

🔴 常見

1 成鳥（2009/3 • 陳志雄）
2 幼鳥（2007/5 • 李偉仁）
3 成鳥（2006/4 • 呂德恒）

3

鵑形目　Cuculiformes

45

四聲杜鵑

Indian Cuckoo *(Cuculus micropterus)*

🔊 403.mp3

中型杜鵑，頭灰色，上體灰褐色，下體白色帶深褐橫紋，尾近末端有寬闊黑帶。嘴黑色，眼圈和腳黃色。雌鳥胸部略帶褐色。響亮的叫聲有如粵音「家婆打我」。

1	2	3	4	5	6	7	8	9	10	11	12

🏷 -

🐦 攀禽

📏 33cm

⚥ 雌雄異色

🌳

S

● 常見

[1] 成鳥（2000/5 • 呂德恒）
[2] 成鳥（2006/6 • 何建業）
[3] （2007/5 • 深藍）

八聲杜鵑

Plaintive Cuckoo *(Cacomantis merulinus)*

🔊 404.mp3

小型杜鵑。成鳥頭灰色，上體深灰褐色，下胸至腹部橙褐色，尾上深色，尾尖帶白點，尾下深色而有白色橫斑。幼鳥和赤色型雌鳥主要為紅褐色，有很多深色橫紋。獨特的八音節叫聲，前三聲長而慢，後五聲短而急、音調漸降。

| 1 | 2 | 3 | 4 | 5 | 6 | 7 | 8 | 9 | 10 | 11 | 12 |

🐦 -

🦅 攀禽

📏 22cm

⚥ 雌雄異色

🌲 🌳

🔵 S

👁 不常見

① 成鳥（2008/1 • 李佩玲）
② 成鳥（2007/2 • 深藍）
③ 幼鳥（2008/1 • 李佩玲）

47

噪鵑

Asian Koel *(Eudynamys scolopacea)*

🔊 405.mp3

雄鳥全身藍黑色，虹膜鮮紅色，嘴蘋果綠色。雌鳥和幼鳥相似，全身深褐色，帶淺色斑點。冬末至初夏鳴叫，聲音為響亮而重複的「戶一污一」。

| 1 | 2 | 3 | 4 | 5 | 6 | 7 | 8 | 9 | 10 | 11 | 12 |

🏷 -

🦅 攀禽

📏 43cm

⚥ 雌雄異色

🏠 🌳 🌲 🏢

🔄 R

👁 常見

1 雄鳥（2009/3 • 何志剛）
2 雌鳥（2007/9 • 陳燕芳）
3 幼鳥（2007/6 • 黃卓研）

褐翅鴉鵑

Greater Coucal *(Centropus sinensis)*

(i) 406.mp3

[1]

體型大，成鳥全身黑色而帶光澤，翅膀鮮明栗色，嘴黑色，虹膜鮮紅色。幼鳥全身帶橫紋。常躲在樹叢中，甚少飛行。發出低沉的「胡－胡－」聲。

| 1 | 2 | 3 | 4 | 5 | 6 | 7 | 8 | 9 | 10 | 11 | 12 |

名 毛雞

攀禽

50cm

雌雄同色

R

常見

[2]

[3]

[1] 繁殖羽（2004/11 • 呂德恒）
[2] 繁殖羽（2005/1 • 呂德恒）
[3] 幼鳥（2008/8 • 李啟康）

鴞形目
Strigiformes

領角鴞
Collared Scops Owl *(Otus lettia)*

◀)) 501.mp3

1

| 1 | 2 | 3 | 4 | 5 | 6 | 7 | 8 | 9 | 10 | 11 | 12 |

小型貓頭鷹,主要在夜間活動。虹膜紅褐色,後頸有明顯淡黃褐色領紋,下體深色縱紋疏落。叫聲為輕柔的「Hoot」,每十秒重複一次。

鴟鴞科 STRIGIDAE

名 -

猛禽

23-25cm

雌雄同色

R

常見

2

3

[1] 成鳥 (2003/5・孔思義・黃亞萍)
[2] 成鳥 (2006/10・呂德恒)
[3] 成鳥 (2004/10・孔思義・黃亞萍)

鴞形目 Strigiformes

51

🔊 502.mp3

斑頭鵂鶹
Asian Barred Owlet *(Glaucidium cuculoides)*

1 成鳥 (2007/4 • 何建業)
2 成鳥 (2007/4 • 鄧玉蓮)
3 幼鳥 (2007/5 • 江敏兒、黃理沛)

頭部渾圓，虹膜黃色。頭和上體深褐色而帶濃密深色細橫紋，尾部深色，下體偏白而帶褐色紋。鳴聲為急促而漸強的一串咯咯聲，有時又像倒轉水樽斟水時氣泡上升的聲音。在清晨和黃昏活動，常停在顯眼的地方。

| 1 | 2 | 3 | 4 | 5 | 6 | 7 | 8 | 9 | 10 | 11 | 12 |

🔗 -

🦅 猛禽

📏 22-25cm

⚥ 雌雄同色

🌳

W

不常見

夜鷹目
Caprimulgiformes

林夜鷹

Savanna Nightjar *(Caprimulgus affinis)*

🔊 601.mp3

夜鷹科 CAPRIMULGIDAE

大致褐色，頭部有幼細斑點。雄鳥尾羽外側白色，飛行時初級飛羽有一片白斑。雌鳥尾羽顏色偏褐，翼斑較淡。叫聲為響亮的「chweep」，好像將塑膠在玻璃上摩擦的聲音。

1	2	3	4	5	6	7	8	9	10	11	12

🏷 名 -

攀禽

25cm

雌雄異色

R

不常見

1 雄鳥（2007/12 • 黃寶偉）
2 雌鳥（2004/10 • 江敏兒 • 黃理沛）
3 雄鳥（2006/5 • 孔思義 • 黃亞萍）

夜鷹目 Caprimulgiformes

雨燕目
Apodiformes

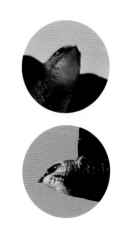

🔊 701.mp3

白腰雨燕
Pacific Swift *(Apus pacificus)*

大型的深褐色雨燕，尾長而尾叉深，頦和喉偏白，腰部白色。與小白腰雨燕的分別在於體型較大，顏色較淡，喉部顏色較深，腰部白色位置較窄。尾開叉。

🏷 -

🐦 攀禽

📏 17-18cm

⚥ 雌雄同色

🌳🏞🌊🌲

🔵 SpM,S

👁 不常見

[1]（2008/3 • 宋亦希）
[2]（2005/4 • 王學思）
[3]（2008/3 • 宋亦希）

小白腰雨燕
House Swift *(Apus nipalensis)*

🔊 702.mp3

1

小型雨燕。全身黑色，但腰部白色，喉部偏白。愛成群飛行，飛行時像小型的船錨，尾張開時呈方形微凹，不斷「茲茲」鳴叫。在屋簷下築巢繁殖，香港中文大學圖書館有全港最大的繁殖群落。

| 1 | 2 | 3 | 4 | 5 | 6 | 7 | 8 | 9 | 10 | 11 | 12 |

🔖 名 -

🐦 攀禽

📏 15cm

⚥ 雌雄同色

👁 R,SpM

常見

2

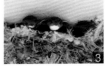
3

1 成鳥（2006/1 • 何志剛）
2 成鳥（2007/11 • 深藍）
3 幼鳥（2007/6 • 王學思）

戴勝目
Upupiformes

戴勝

Eurasian Hoopoe *(Upupa epops)*

🔊 801.mp3

1 2 3 4 5 6 7 8 9 10 11 12

有奇特黃褐色冠羽，豎起時可見頂端黑白色，但通常在後枕收起成束。嘴黑色，尖長而下彎。頭至胸部黃褐色，上體黑白斑駁，腹至尾下覆羽白色。飛行時像波浪般上下起伏，初級飛羽有闊大白斑，次級飛羽有四條白色橫紋。叫聲像「好寶寶」。通常單隻出現。

🐦 名 -

🦅 攀禽

📏 32cm

⚥ 雌雄同色

🔤 W

🔴 稀少

1 成鳥（2008/8 • 陳建中）
2 成鳥（2007/12 • 馮少萍）
3 成鳥（2008/1 • 何錦榮）

鴷形目
Piciformes

大擬啄木鳥

Great Barbet *(Psilopogon virens)*

🔊 901.mp3

1

嘴粗，黃色，腳淡色。頭部深色，上背深褐色，翼、下背至尾部綠色，下體淡黃，有深褐色粗縱紋，尾下覆羽紅色。常在春天鳴叫，叫聲像噪鵑，但較為哀怨，不斷重複。

1	2	3	4	5	6	7	8	9	10	11	12

- 🐦 大擬啄木鳥
- 🦜 攀禽
- 📏 32cm
- ⚥ 雌雄同色
- 🌳 🌲
- 🔵 R
- 🔵 常見

2

3

1 （2003/4 • 黃卓研）
2 幼鳥（2007/7 • 陳志雄）
3 幼鳥（2007/7 • 陳志雄）

蟻鴷

🔊 902.mp3

Eurasian Wryneck *(Jynx torquilla)*

啄木鳥科 PICIDAE

身體主要呈灰褐色，布滿斑點，腹部顏色較淡。嘴尖而黃色，有深色貫眼紋；中央冠紋黑色，伸延至背部。形態古怪，貌似一片枯葉，能將頸部大角度扭曲。

| 1 | 2 | 3 | 4 | 5 | 6 | 7 | 8 | 9 | 10 | 11 | 12 |

🐣 -

攀禽

17cm

雌雄同色

W,M

不常見

1 （2008/1 • 森美與雲妮）
2 （2008/1 • 張玉良）
3 （2006/11 • 郭匯昌）

鴷形目 Piciformes

雀形目
Passeriformes

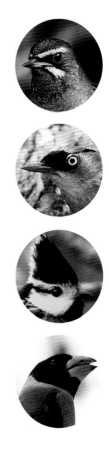

》1001.mp3

家燕
Barn Swallow *(Hirundo rustica)*

頭及上體深色而帶藍色光澤，額及喉部紅
褐色，胸部有時沾黑，腹至尾下覆羽白
色。飛行時有明顯長叉尾，近尾端有白斑。
嘴闊黑色，雛鳥嘴明顯黃色。常大群出沒，
有時會達一千隻。多營巢於舊屋的簷蓬下。

| 1 | 2 | 3 | 4 | 5 | 6 | 7 | 8 | 9 | 10 | 11 | 12 |

- 鳴禽
- 15-20cm
- 雌雄同色

SpM,Su

常見

1 雄鳥（2004/4 • 江敏兒、黃理沛）
2 雌鳥（2005/3 • 何志剛）
3 幼鳥（2008/7 • 馮漢城）

理氏鷚

Richard's Pipit *(Anthus richardi)*

全身偏褐，下體較淡，胸前有深色細縱紋，嘴淡黃色，腳淡紅色。腳長，後爪亦較長，可以此和其他鷚區分。靜立時站姿挺直。*sinensis* 亞種在香港的高山草地繁殖。叫聲為高音單節的「chich…」聲。

| 1 | 2 | 3 | 4 | 5 | 6 | 7 | 8 | 9 | 10 | 11 | 12 |

🐦 理氏鷚

🦜 鳴禽

📏 17-18cm

⚥ 雌雄同色

🏞 W,R

👁 常見

[1] (2004/10 ● 黃卓研)
[2] (2007/4 ● 森美與雲妮)
[3] sinensis亞種（夏敖天）

65

樹鷚
Olive-backed Pipit *(Anthus hodgsoni)*

🔊)) 1003.mp3

上體橄欖綠色具有縱紋，下體較淡，胸前及脇有濃密深色縱紋，眉紋明顯，耳羽後有白點，上嘴深色，下嘴粉紅色，腳淡紅色。常上下擺尾，受驚時會飛到電線或樹枝上。聲音為輕柔的「tseep」聲。

| 1 | 2 | 3 | 4 | 5 | 6 | 7 | 8 | 9 | 10 | 11 | 12 |

🌐 -

🐦 鳴禽

📏 15cm

🔵 雌雄同色

🔵 W

🔴 常見

1 （2009/1 • 鄭諾銘）
2 （2006/11 • 羅錦文）
3 （2009/1 • Aka Ho）

紅喉鷚
Red-throated Pipit *(Anthus cervinus)*

◀») 1004.mp3

全身淡褐色,上體有粗黑色縱紋,下體較淡,胸前及脇有濃密深色縱紋,頭部顏色偏灰,有淡色眉紋,上嘴深色,下嘴淡黃色,腳淡紅色。繁殖羽面頰和喉明顯紅褐色。

| 1 | 2 | 3 | 4 | 5 | 6 | 7 | 8 | 9 | 10 | 11 | 12 |

🐦 -

🐦 鳴禽

📏 15cm

⚥ 雌雄同色

W,M

常見

1 繁殖羽(2008/3 • 江敏兒、黃理沛)
2 繁殖羽(2005/3 • 朱詠兒)
3 非繁殖羽(2004/2 • 孔思義、黃亞萍)

67

灰喉山椒鳥
Grey-throated Minivet *(Pericrocotus solaris)*

🔊 1005.mp3

顏色鮮艷奪目。頭、面頰和喉部灰色，頭頂較深色，嘴和腳黑色。雄性上背和翼黑色，有倒轉「7」字型的橙紅色翼斑，腰及下體均為橙紅色，尾上黑色，尾下紅色。雌鳥似雄鳥，但身上橙紅色均代以黃色。幼鳥下體淺色，但有黃色或紅色翼斑。經常與赤紅山椒鳥混在一起，活躍於成熟樹林中。飛行時發出輕柔的「tsee-sip」鳴聲。

| 1 | 2 | 3 | 4 | 5 | 6 | 7 | 8 | 9 | 10 | 11 | 12 |

🐦 名 -

🔊 鳴禽

📏 18cm

⚥ 雌雄異色

🌳

📍 W,R

👁 常見

[1] 雄鳥（2005/11 • 江敏兒、黃理沛）
[2] 雌鳥（2004/11 • 孔思義、黃亞萍）
[3] 雌鳥（2008/12 • 陶偉意）

赤紅山椒鳥

Scarlet Minivet *(Pericrocotus speciosus)*

🔊 1006.mp3

1

2

顏色鮮艷奪目，體型較灰喉山椒鳥大，嘴和腳黑色。雄性頭部全黑，上背和翼黑色，有倒轉「7」字加一點的紅色翼斑，腰及下體均為紅色，尾上黑色，尾下紅色。雌鳥頭至上背灰色，腰及下體黃色。前額、面頰、喉部至下體為黃色，翼斑黃色。雄性幼鳥偏黃但羽色沾紅。經常與灰喉山椒鳥混在一起，活躍於成熟樹林中。飛行時發出輕快而尖的「flee⋯flee⋯」鳴聲。

1	2	3	4	5	6	7	8	9	10	11	12

🏷 -

🐦 鳴禽

📏 20cm

⚥ 雌雄異色

🌳

R,W

👁 常見

3

1 雄鳥（2008/10・吳璉宥）
2 雌鳥（2009/1・江敏兒、黃理沛）
3 雄鳥（2004/4・呂德恒）

69

橙腹葉鵯

Orange-bellied Leafbird *(Chloropsis hardwickii)*

🔊 1007.mp3

全身大致綠色。雄鳥面頰、喉、嘴和腳黑色，有顯眼的紫銀色頰下紋，翼上有亮藍色肩斑，尾部深藍色，下體橙色。雌鳥和幼鳥全身綠色。叫聲為重複的「Chip-eee」，也經常模仿其他林鳥的叫聲。

| 1 | 2 | 3 | 4 | 5 | 6 | 7 | 8 | 9 | 10 | 11 | 12 |

🐦 名 -

🦜 鳴禽

📏 20cm

♂ 雌雄異色

🌳 🌲

🏠 R

👁 稀少

1 雄鳥（2007/2・陳志雄）
2 雄鳥（2007/2・文權溢）
3 幼鳥（2004/2・呂德恒）

70

紅耳鵯

Red-whiskered Bulbul *(Pycnonotus jocosus)* ◀» 1008.mp3

1 成鳥（2007/3 • 孔思義、黃亞萍）
2 成鳥（2008/7 • 勞漢暉）
3 幼鳥（2007/8 • 森美與雲妮）

全身偏褐，頭、嘴和腳黑色，有獨特的直立冠羽，耳羽紅色，面頰及喉白色，有明顯黑色頰紋。上體至尾部褐色，尾羽末端有白點。下體淡褐色，臀部橙紅色。幼鳥無紅色耳羽，臀部紅色較淡。常發出清脆的「bulbit…bulbit…」聲。

| 1 | 2 | 3 | 4 | 5 | 6 | 7 | 8 | 9 | 10 | 11 | 12 |

🐦 高鬢冠
🐦 鳴禽
cm 20cm
⚥ 雌雄同色
🌳 🏢
R
常見

白頭鵯

Chinese Bulbul *(Pycnonotus sinensis)*

🔊 1009.mp3

全身橄欖綠色，頭、嘴和腳黑色，後枕、面頰和喉部白色，下體至尾下覆羽淡色。幼鳥全身橄欖綠色，沒有白斑。鳴聲似紅耳鵯，但較沙啞。

| 1 | 2 | 3 | 4 | 5 | 6 | 7 | 8 | 9 | 10 | 11 | 12 |

🏷️ 名 -

🐦 鳴禽

📏 19cm

⚥ 雌雄同色

🏠 R

👁️ 常見

1 成鳥（2008/1 • 馬志榮、蔡美蓮）
2 成鳥（2004/12 • 呂德恒）
3 幼鳥（2004/5 • 呂德恒）

白喉紅臀鵯

Sooty-headed Bulbul *(Pycnonotus aurigaster)* 🔊 1010.mp3

全身偏褐，頭部黑色，頭頂有時稍為隆起像有羽冠，嘴和腳黑色，面頰有時沾黑。上體至尾部褐色，尾羽末端白色；喉至下體淡褐色，臀部紅色。幼鳥臀部偏黃。鳴聲較紅耳鵯和白頭鵯悦耳。

| 1 | 2 | 3 | 4 | 5 | 6 | 7 | 8 | 9 | 10 | 11 | 12 |

- 🦅 -
- 🐦 鳴禽
- 📏 20cm
- ⚥ 雌雄同色
- 🌳
- 🅡 R
- 👁 常見

1 成鳥（2007/1 • 羅錦文）
2 成鳥（2006/12 • 林文華）
3 幼鳥（2006/9 • 古愛婉）

綠翅短腳鵯

Mountain Bulbul *(Ixos mcclellandii)*

🔊 1011.mp3

大型鵯類。頭部褐色，深色冠羽短而尖，上體、翼及尾部橄欖色，喉部白色，有黑色縱紋，下體淡褐，胸部有小量縱紋。

1	2	3	4	5	6	7	8	9	10	11	12

🏷 -

🐦 鳴禽

📏 24cm

⚥ 雌雄同色

🌳🏔

◯ -

● 稀少

1 （2008/11 • 江敏兒、黃理沛）
2 （2005/2 • 黃卓研）
3 （2008/11 • 江敏兒、黃理沛）

74

栗背短腳鵯

Chestnut Bulbul *(Hemixos castanonotus)*

🔊 1012.mp3

上體栗褐色，頭頂黑色，有少許冠羽，嘴和腳黑色，翼、腰及尾羽深褐色。喉部及下體白色，與上體對比鮮明，胸和脇有時沾灰。鳴聲為響亮並不斷重複的口哨聲，有如問人「去邊處？」。

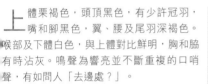

| 1 | 2 | 3 | 4 | 5 | 6 | 7 | 8 | 9 | 10 | 11 | 12 |

🏷 -

🐦 鳴禽

📏 21cm

🟡 雌雄同色

🌳

🏠 R,W

👁 常見

1 成鳥（2003/10 • 江敏兒 · 黃理沛）
2 成鳥（2004/5 • 黃卓研）
3 幼鳥（2007/9 • 呂德恒）

紅尾伯勞
Brown Shrike *(Lanius cristatus)*

🔊 1013.mp3

1 lucionensis亞種（2008/5 • 李佩玲）
2 confusus亞種（2008/9 • 宋亦希）
3 幼鳥（2007/11 • 何國海）

全身偏褐，黑色貫眼紋伸延至耳羽，眼眉白色，嘴短黑色，腰及尾紅褐色，腳黑色。常見的 *lucionensis* 亞種上體灰褐色，頭部淡灰色，下體淡褐色。*superciliosus* 亞種上體棕色均勻，有白色粗眼紋。幼鳥的胸及脇有黑色鱗狀斑，上體也有褐色的鱗狀斑。*confusus* 亞種，頭及上體灰褐色，白色眼紋較其他亞種細。

| 1 | 2 | 3 | 4 | 5 | 6 | 7 | 8 | 9 | 10 | 11 | 12 |

🏷 名 -
🐦 鳴禽
📏 20cm
⚥ 雌雄同色
🌿 M,W
❓ 不常見

棕背伯勞
Long-tailed Shrike *(Lanius schach)*

1014.mp3

體型較大而尾長，羽色為棕、黑、灰、白四色配搭。明顯的黑色眼罩伸延至耳羽，嘴和腳黑色。頭部灰色，背部棕色，對比鮮明；翼和尾黑色。幼鳥顏色偏淡，隱約有斑紋。深色型的「黑伯勞」全身深灰，面、翼和尾部全黑。

1	2	3	4	5	6	7	8	9	10	11	12

名 -

鳴禽

25cm

雌雄同色

R

常見

[1] 成鳥（2009/1 • Aka Ho）
[2] 成鳥（2008/12 • 馬志榮、蔡美蓮）
[3] 幼鳥（崔汝棠）

紅喉歌鴝
Siberian Rubythroat *(Calliope calliope)*

🔊 1015.mp3

全身大致棕色，體型壯碩。嘴深色，腳偏淡，上體褐色，有明顯白眉紋和頰紋。本種的特徵是成年雄鳥喉部紅色，雌鳥喉部粉紅色。下體色較淺，第一年度冬鳥像巨大的褐柳鶯。叫聲像憂怨的哨聲。

| 1 | 2 | 3 | 4 | 5 | 6 | 7 | 8 | 9 | 10 | 11 | 12 |

- 🐦 紅點頦
- 🕊 鳴禽
- 📏 16cm
- ⚥ 雌雄異色
- 🏞 W,M
- 👁 常見

[1] 雄鳥（2006/12 • 郭匯昌）
[2] 雄鳥（2008/2 • 余柏維）
[3] 雌鳥（2008/2 • 郭匯昌）

鶇科 TURDIDAE

雀形目 Passeriformes

78

藍喉歌鴝

Bluethroat *(Luscinia svecica)*

🔊 1016.mp3

1

上體深棕色，有白色眉紋。繁殖期雄鳥喉部和胸很特別，有栗、藍、黑、白四色組成的圖案；雌鳥喉部白色，頰下有黑紋伸延至胸及脇部。下體白色，有時沾淡黃，飛行時外側尾羽基部明顯栗色。亞種 *svecica* 的藍喉上有紅色斑點。叫聲為重複的「cheech」聲。

1	2	3	4	5	6	7	8	9	10	11	12

🏷 藍點頦

🐦 鳴禽

📏 15cm

⚥ 雌雄異色

🌳 ⛲ ♨ 🌲

❄ W

👁 常見

2

3

1 雄鳥（2006/12 • 江敏兒、黃理沛）
2 雄鳥（2006/12 • 郭匯昌）
3 雌鳥（2006/12 • 江敏兒、黃理沛）

鶇科 TURDIDAE

雀形目 Passeriformes

紅脇藍尾鴝
Red-flanked Bluetail *(Tarsiger cyanurus)*

🔊 1017.mp3

雌鳥和雄鳥共同的特徵：喉部白色、脇橙黃色，尾藍色，嘴及腳黑色。雄鳥上體鮮藍色，雌鳥及未成年幼鳥則為橄欖棕色；下體白色沾褐色。叫聲有沙啞的「wheest」和輕輕的「chack chack」聲。

1	2	3	4	5	6	7	8	9	10	11	12

🥚 -
🐦 鳴禽
📏 15cm
⚥ 雌雄異色

🌏 W
● 常見

[1] 雄鳥（2006/3 • 郭匯昌）
[2] 雄鳥（2006/2 • 李啟康）
[3] 雌鳥（2005/12 • 呂德恒）

鵲鴝
Oriental Magpie Robin *(Copsychus saularis)* 🔊 1018.mp3

俗名「豬屎渣」。黑白兩色：嘴和腳黑色，頭、背至尾上部黑色，腹、翼紋和尾緣白色，雌鳥和雄鳥相似，但頭及上體的黑色由灰色代替，幼鳥顏色更淺。叫聲響亮悅耳，變化多端，又時常發出「查」的噴氣聲。

→											—•
1	2	3	4	5	6	7	8	9	10	11	12

🐦 名 -

🐦 鳴禽

📏 19-21cm

🐦 雌雄異色

🌳 〰 🌲 🌳 🏢

🏠 R

🔄 常見

1 雄鳥 （2003/2 • 何萬邦）
2 雌鳥 （2006/10 • 關朗曦、關子凱）
3 幼鳥 （2008/10 • 馮漢城）

北紅尾鴝
Daurian Redstart *(Phoenicurus auroreus)*

🔊 1019.mp3

雌鳥和雄鳥共同的特徵：腰及尾羽栗褐色，有明顯白色翼斑。嘴和腳黑色。雄鳥下體為特別的栗橙色，上體及面部黑色，頭及後枕銀灰色。雌鳥主要為橄欖褐色。常顫動尾巴。

1

| 1 | 2 | 3 | 4 | 5 | 6 | 7 | 8 | 9 | 10 | 11 | 12 |

🐤 -

🐦 鳴禽

📏 15cm

🔵 雌雄異色

🌊 🌲 ♨ 🌳 🌳

🔵 W

🔵 常見

3

1 雄鳥（2007/1 • 陳燕明）
2 雌鳥（2006/12 • 關朗曦 • 關子凱）
3 雌鳥（2007/1 • 夏敖天）

黑喉石䳭

Stejneger's Stonechat *(Saxicola stejnegeri)*

🔊 1020.mp3

鶲科 TURDIDAE

嘴和腳深色。雄鳥頭部及飛羽明顯黑色，背深褐，頸、翼及尾上覆羽有白斑，下體淡褐色。雌鳥及幼鳥頭及上體黑色為淡棕色取代。飛行時翼斑白色較明顯。叫聲像石頭互碰的「即……即……」。常佇立於灌叢頂、圍欄及電線高處，非常顯眼。

🏷 -

🐦 鳴禽

📏 14cm

⚥ 雌雄異色

🏞 ⛲ 🌳

📅 W,M

👁 常見

1 雄鳥（2008/11 • 何國海）
2 雌鳥（2004/11 • 孔思義 · 黃亞萍）
3 繁殖羽（2008/11 • 林文華）

雀形目 Passeriformes

83

🔊 1021.mp3

藍磯鶇
Blue Rock Thrush *(Monticola solitarius)*

嘴 及腳黑色。*pandoo* 亞種雄鳥全身閃亮藍色，而 *philippensis* 亞種則上體羽色相同，但腹部深棕色，兩種都有淡黑及近白色的鱗狀斑紋。雌鳥上體由深褐至灰藍都有，下體密佈黑色鱗狀斑紋。常直立於岩石上或屋頂。

| 1 | 2 | 3 | 4 | 5 | 6 | 7 | 8 | 9 | 10 | 11 | 12 |

🐦 -

🕊 鳴禽

📏 23cm

⚥ 雌雄異色

🏞 W,M

👁 不常見

1 雄鳥（2008/12 • 古愛婉）
2 雌鳥（2008/12 • 劉柱光）
3 幼鳥（2006/9 • 陳志雄）

懷氏地鶇

White's Thrush *(Zoothera aurea)*

◀ 1022.mp3

嘴 及腳淡黃色，較其他鶇大，全身金褐色而有黑色鱗狀斑紋，腹部斑紋較稀疏。尾外緣有明顯的白點。常單獨出現。

| 1 | 2 | 3 | 4 | 5 | 6 | 7 | 8 | 9 | 10 | 11 | 12 |

🏷 -

🐦 鳴禽

📏 30cm

⚥ 雌雄同色

🌳 🏢

🔤 W

⊘ 不常見

1 （2008/2 • 葉紀江）
2 （2006/12 • 陳志雄）
3 （2006/12 • 謝鑑超）

85

🔊 1023.mp3

紫嘯鶇
Blue Whistling Thrush *(Myophonus caeruleus)*

1

嘴及腳黑色。紫嘯鶇全身看似黑色，光線良好時，可見其獨特的深紫色和淺色斑點。在遠處可聽到其是清脆嘹亮的長嘯聲。常開合尾羽。

| 1 | 2 | 3 | 4 | 5 | 6 | 7 | 8 | 9 | 10 | 11 | 12 |

🏷 -

🐦 鳴禽

📏 33cm

♀ 雌雄同色

🏠 R

👁 常見

2

3

① 成鳥（2008/2 • 黃卓研）
② 成鳥（2007/4 • 馮啟文 • 蕭敏晶）
③ 幼鳥（2007/5 • 李佩玲）

烏鶇

Chinese Blackbird *(Turdus mandarinus)*

◀)) 1024.mp3

上體黑色至深褐色，下體較淡。嘴由黃至褐色都有，眼圈可能不明顯，雄性嘴黃色，眼圈明顯，雌性褐色，眼圈不明顯，腳黑色。常小群出沒於樹上，鳴聲為哀怨的「dweep」。

| 1 | 2 | 3 | 4 | 5 | 6 | 7 | 8 | 9 | 10 | 11 | 12 |

- \-
- 鳴禽
- 29cm
- 雌雄異色
- W
- 常見

1 雄鳥（2005/2 • 黃卓研）
2 雌鳥（2006/3 • 深藍）
3 雌鳥（2008/1 • 吳璉宥）

灰背鶇
Grey-backed Thrush *(Turdus hortulorum)*

🔊 1025.mp3

嘴及腳淡色。雄鳥上體及胸為灰色，喉及腹白色，脇橙色。雌鳥及未成年鳥上體褐色，胸前有黑色斑紋。常在地面翻起落葉覓食，常見於冬季，但比較怕人。

| 1 | 2 | 3 | 4 | 5 | 6 | 7 | 8 | 9 | 10 | 11 | 12 |

🐦 -

🐦 鳴禽

cm 23cm

🔵 雌雄異色

🌳 🏢

🏠 W

🔶 常見

1 雄鳥（2007/3 • 夏敦天）
2 雌鳥（2008/2 • 郭匯昌）
3 未成年鳥（2009/1 • 陳家華）

棕頸鈎嘴鶥
Streak-breasted Scimitar Babbler *(Pomatorhinus ruficollis)*

🔊 1026.mp3

1

全身大致褐色，有明顯白色眼眉，和臉上黑色斑紋成強烈對比。嘴長而黃色，末端微向下彎；喉部和胸部白色，有褐色縱紋。上體褐色，後頸紅褐色，腹部白色。以小群出沒，常混在鳥浪中。叫聲為獨特的「doo-doo-which」三聲。

→

| 1 | 2 | 3 | 4 | 5 | 6 | 7 | 8 | 9 | 10 | 11 | 12 |

🏷 _
🐦 鳴禽
📏 19cm
⚥ 雌雄同色
🌳
🏠 R
👁 不常見

2

3

[1]（2004/5 • 黃卓研）
[2]（2008/8 • 馮漢城）
[3]（2007/2 • 呂德恒）

89

紅頭穗鶥
Rufous-capped Babbler *(Stachyris ruficeps)*

🔊 1027.mp3

細小穗鶥，和常見的長尾縫葉鶯相似，但稍健碩，嘴較短而呈三角形。頭頂紅褐色、喉淡黃色，背部褐中帶橄欖色。有獨特而嘹亮的「do-do-do-do」叫聲。常於樹林下的灌草層出沒。

| 1 | 2 | 3 | 4 | 5 | 6 | 7 | 8 | 9 | 10 | 11 | 12 |

🐦 -

🐤 鳴禽

📏 12cm

⚥ 雌雄同色

🌳

R

稀少

1 (2008/11・謝鑑超)
2 (2004/4・呂德恒)
3 (2007/5・謝鑑超)

小鷦鶥

Pygmy Wren-babbler *(Pnoepyga pusilla)*

🔊 1028.mp3

尾部非常短，有淡色眼圈，嘴尖而短小，腳粉紅色。上體深褐色，上背至飛羽具有淡色羽緣。下身深褐，羽緣較白和粗，看似魚鱗紋。於樹林下層叢林活動，鳴聲為明顯長而重複的口哨聲「嘶—梳」。

| 1 | 2 | 3 | 4 | 5 | 6 | 7 | 8 | 9 | 10 | 11 | 12 |

🐦 名 小鱗胸鷦鶥
🔊 鳴禽
📏 9cm
⚥ 雌雄同色
🌳 ♨
🌐 W,B
● 稀少

1 成鳥（2008/2 • 陳志雄）
2 成鳥（2007/7 • 何國海）
3 成鳥（2004/9 • 江敏兒、黃理沛）

91

黑臉噪鶥

Masked Laughingthrush *(Garrulax perspicillatus)*

1

香 港最常見的噪鶥。背灰褐色，頭較灰，臉部有黑色面罩，尾部深褐色，尾下覆羽紅棕色。常成小群出沒，故又稱七姊妹。叫聲為嘈吵的「標－標－」聲。

| 1 | 2 | 3 | 4 | 5 | 6 | 7 | 8 | 9 | 10 | 11 | 12 |

🏷 -

🐦 鳴禽

📏 30cm

⚥ 雌雄同色

🌳 🌳 🏢

📍 R

👁 常見

3

1 成鳥（2007/2 • 黃卓研）
2 成鳥（2007/3 • 夏敖天）
3 幼鳥（2003/10 • 黃卓研）

黑喉噪鶥
Black-throated Laughingthrush *(Garrulax chinensis)*

 1030.mp3

1

2

深色的中型噪鶥，上體灰黑色，下體較淺色。臉及喉黑色，面頰是鮮明的白色。常小群出現，鳴聲嘹亮，如口哨般「胡壺—胡壺—」，有時會模仿其他雀鳥的叫聲。

1	2	3	4	5	6	7	8	9	10	11	12

🏷 名 -

🔊 鳴禽

📏 27cm

🎨 雌雄同色

🌳

🏠 R

👁 常見

1 成鳥（2008/2 • 深藍）
2 成鳥（2008/1 • 李雅婷）
3 成鳥（2008/6 • 陳燕明）

🔊 1031.mp3

畫眉
Chinese Hwamei *(Garrulax canorus)*

全身褐色有細緻黑紋，眼圈及眼眉明顯白色，嘴和腳黃色。不易觀察，叫聲悅耳多變。十分普遍的籠養鳥。

| 1 | 2 | 3 | 4 | 5 | 6 | 7 | 8 | 9 | 10 | 11 | 12 |

🐦 -

🐤 鳴禽

📏 25cm

⚥ 雌雄同色

🏠

🔵 R

👁 常見

1 成鳥（2007/12 • 陳佳瑋）
2 成鳥（2004/11 • 呂德恒）
3 成鳥（2003/11 • 黃卓研）

銀耳相思鳥

Silver-eared Mesia *(Leiothrix argentauris)*

🔊 1032.mp3

顏 色獨特且鮮艷奪目。頭黑色而有銀灰色耳羽，喉及胸呈亮麗的橙紅色，翼上有紅黃兩色色斑。叫聲變化多端，常與紅嘴相思鳥為伍，喜在樹林下層茂密的灌草叢中活動。

→
| 1 | 2 | 3 | 4 | 5 | 6 | 7 | 8 | 9 | 10 | 11 | 12 |

- 🏷 名 -
- 🐦 鳴禽
- 📏 15cm
- ⚥ 雌雄異色
- 🏠 R
- 👁 常見

1 成鳥（2007/12 • 夏敖天）
2 雄鳥（2008/2 • 馮漢城）
3 幼鳥（2007/5 • 江敏兒 • 黃理沛）

🔊 1033.mp3

紅嘴相思鳥
Red-billed Leiothrix *(Leiothrix lutea)*

雄鳥（2007/12 • 陳佳瑋）[1]

外形獨特。嘴紅而較粗，嘴尖偏黃，下體黃色，喉及胸部帶紅色。叫聲通常較嘈吵。經常小群出現，喜棲身於茂密竹林中。

1	2	3	4	5	6	7	8	9	10	11	12

🏷 -

🐦 鳴禽

📏 15cm

⚥ 雌雄異色

🌳 🏢

🔵 R

🔴 不常見

雄鳥（2007/11 • 深藍）[2]

雌鳥（2006/9 • 鄧玉蓮）[3]

[1] 雄鳥（2007/12 • 陳佳瑋）
[2] 雄鳥（2007/11 • 深藍）
[3] 雌鳥（2006/9 • 鄧玉蓮）

藍翅希鶥
Blue-winged Minla *(Minla cyanouroptera)*

🔊 1034.mp3

大致灰色的鶥，頭部及翼上有藍色色斑，但只有在光線充足的情況下才能看到。眉淺色而有黑線。尾長，尾下銀白色，兩則邊緣黑色。常成小群出現，叫聲有多個音節，聲調哀怨。喜在樹間活動，甚少降到地上。

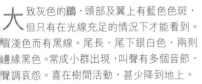

| 1 | 2 | 3 | 4 | 5 | 6 | 7 | 8 | 9 | 10 | 11 | 12 |

🐦 名 -

🐦 鳴禽

📏 16cm

⚥ 雌雄同色

🌳

🏠 R

👁 常見

1 成鳥（江敏兒・黃理沛）
2 成鳥（2009/1・黃卓研）
3 成鳥（2008/2・周家禮）

97

(🔊) 1035.mp3

白腹鳳鶥
White-bellied Erpornis *(Erpornis zantholeuca)*

[1]

外型頗似鶯類，但可憑短冠羽和黃色尾下覆羽區別。頭頂、背部至尾部綠色，喉至腹部灰白色。常混在其他鳥群中出沒，叫聲為「tsee-tsee-tsee-tsee」。喜在森林中層活動。

| 1 | 2 | 3 | 4 | 5 | 6 | 7 | 8 | 9 | 10 | 11 | 12 |

🔈 名 -

🐦 鳴禽

📏 13cm

👁 雌雄同色

🌳

🏠 R

❗ 稀少

[2]

[3]

[1] 成鳥（2004/4 • 江敏兒 · 黃理沛）
[2] 成鳥（2007/2 • 呂德恒）
[3] 幼鳥（2008/9 • 深藍）

長尾縫葉鶯
Common Tailorbird *(Orthotomus sutorius)*

◀))1036.mp3

1

小 型鶯，尾長嘴長，頭頂紅褐色，背部至尾部橄欖綠色，下體白色，喉部有時可見到黑紋，特別在鳴叫時。叫聲是獨特而響亮的「即－即－」聲，不斷重複。喜在林中下層植被活動。

| 1 | 2 | 3 | 4 | 5 | 6 | 7 | 8 | 9 | 10 | 11 | 12 |

🏷 -

🐦 鳴禽

📏 11-13cm

🔵 雌雄異色

🏠 R

👁 常見

3

2

1 雄鳥（2007/3 • 夏敖天）
2 雄鳥（2007/12 • 黃卓研）
3 雌鳥（2006/12 • 黃卓研）

🔊 1037.mp3

褐柳鶯
Dusky Warbler *(Phylloscopus fuscatus)*

全身褐色，有明顯淺黃色眉紋。喉至腹部偏白，脇及尾下覆羽淺黃色。叫聲為重複不斷的「tsak-tsak-tsak」聲，為主要辨認特徵。喜接近地面和水邊活動。

| 1 | 2 | 3 | 4 | 5 | 6 | 7 | 8 | 9 | 10 | 11 | 12 |

🏷 -

🐦 鳴禽

📏 12cm

⚥ 雌雄同色

🏠 W

👁 常見

1 成鳥（2007/1 • 森美與雲妮）
2 成鳥（2003/11 • 孔思義、黃亞萍）
3 成鳥（2004/10 • 呂德恒）

黃腰柳鶯

Pallas's Leaf Warbler *(Phylloscopus proregulus)* 🔊 1038.mp3

香 港體型最小的柳鶯。上體偏綠，腰部顯眼黃色，有淺黃色的冠紋和深綠色的側冠紋，眉長而呈黃色。三級飛羽有白邊，翅膀上有兩道白色翼帶，下體污白色。非常活躍好動，叫聲為兩音節的「chu-eet」聲，頭一音節較重。喜於樹林的中上層活動。

| 1 | 2 | 3 | 4 | 5 | 6 | 7 | 8 | 9 | 10 | 11 | 12 |

- 🐦 名 -
- 🐦 鳴禽
- 📏 10cm
- 🐦 雌雄同色
- 🌳
- 🅦 W
- ● 不常見

[1] 成鳥（2009/1 • 陳家強）
[2] 成鳥（2009/1 • 江敏兒、黃理沛）
[3] 成鳥（2005/2 • 黃卓研）

黃眉柳鶯

Yellow-browed Warbler *(Phylloscopus inornatus)*

🔊 1039.mp3

香港最常見的柳鶯，眼上有明顯黃色長眉紋。上體淡橄欖綠色，三級飛羽上有白邊，翅膀上有兩道白色翼帶，下體污白色。活躍好動。叫聲為「tswe-et」，與黃腰柳鶯相近，但沒有明顯輕重音之分。喜於樹林的中上層活動。

| 1 | 2 | 3 | 4 | 5 | 6 | 7 | 8 | 9 | 10 | 11 | 12 |

 -
 鳴禽
 11cm
 雌雄同色

 W
 常見

[1] 成鳥（2008/11 • 江敏兒．黃理沛）
[2] 成鳥（2008/2 • 李雅婷）
[3] 成鳥（2007/2 • 夏敖天）

棕扇尾鶯

Zitting Cisticola *(Cisticola juncidis)*

🔊 1040.mp3

小型鶯，尾短呈扇狀，頭頂及上背有黑色條紋。頭及腰均為褐色，喉至腹部白色，脇黃褐色。尾啡褐色，有黑色寬橫帶，末端白色，飛行時可見。通常一兩隻出現，叫聲「dsip-dsip-dsip」，喜於水邊草叢頂出沒。

1	2	3	4	5	6	7	8	9	10	11	12

🐦 -

🐤 鳴禽

📏 11cm

⚥ 雌雄同色

🌳

🔄 W,M

👁 常見

1 成鳥（2006/12 • 林文華）
2 成鳥（2007/2 • 森美與雲妮）
3 未成年鳥（2004/10 • 呂德恒）

🔊 1041.mp3

黃腹鷦鶯
Yellow-bellied Prinia *(Prinia flaviventris)*

小 型鶯，體短尾長。頭灰色，眼前黃色眉紋伸延至眼上。背部至尾部褐色，腹部白色，脇較黃。叫聲似貓的「喵喵」聲，繁殖期有急促輕快的歌聲。喜於草叢間出沒，但也會在其他有植物的生境出現。

| 1 | 2 | 3 | 4 | 5 | 6 | 7 | 8 | 9 | 10 | 11 | 12 |

🐦 灰頭鷦鶯

🐦 鳴禽

📏 12cm

⚥ 雌雄同色

〰️ ♨ 🌳

◐ R

◑ 常見

1 成鳥（2007/12 • 黃卓研）
2 繁殖羽（2008/11 • 宋亦希）
3 繁殖羽（2007/3 • 呂德恒）

純色鷦鶯
Plain Prinia *(Prinia inornata)*

🔊 1042.mp3

1

外貌和黃腹鷦鶯相若，但頭偏褐，眼前有黃色短眉紋。全身較灰頭鷦鶯褐色，嘴較粗，尾亦較長，底部末端顏色較淡。叫聲為「tee-tee-tee」，好像絞動魚桿時發出的聲響。喜在近水的開闊田野及草坡活動。

| 1 | 2 | 3 | 4 | 5 | 6 | 7 | 8 | 9 | 10 | 11 | 12 |

🐦 褐頭鷦鶯
🐣 鳴禽
📏 15cm
⚥ 雌雄同色
🌳
🏠 R
👁 常見

2

3

☐1 成鳥（2008/8 • 馮漢城）
☐2 繁殖羽（2007/3 • 朱錦滿）
☐3 幼鳥（2008/9 • 許淑君）

雀形目 Passeriformes

105

北灰鶲

Asian Brown Flycatcher *(Muscicapa latirostris)*

🔊 1043.mp3

大致淺灰褐色。眼先淺色，與白色眼圈連結，眼圈寬度比烏鶲平均，下嘴基黃色，顎紋明顯，部分個體有淺灰色胸帶，下體白色。喜在樹冠之下活動。

| 1 | 2 | 3 | 4 | 5 | 6 | 7 | 8 | 9 | 10 | 11 | 12 |

- 🐦 闊嘴鶲
- 🐤 鳴禽
- 📏 13cm
- 🔵 雌雄同色
- 🌳🌳
- 🔵 M,W
- ⚫ 常見

1 成鳥（2007/4 • 森美與雲妮）
2 未成年鳥（2006/9 • 夏敖天）
3 （2005/12 • 呂德恒）

銅藍鶲

Verditer Flycatcher *(Eumyias thalassinus)*

1044.mp3

全身呈閃亮藍綠色，尾下覆羽末端白色。雄鳥有黑色眼先，雌鳥眼先較暗且較纖細。喜停於明顯易見的地方。

| 1 | 2 | 3 | 4 | 5 | 6 | 7 | 8 | 9 | 10 | 11 | 12 |

名 -

鳴禽

17cm

雌雄異色

W

稀少

1 雄鳥（2009/1 • 陳家華）
2 雌鳥（2003/1 • 呂德恒）
3 繁殖羽（張玉良）

方尾鶲
Grey-headed Canary-flycatcher *(Culicicapa ceylonensis)*

MUSCICAPIDAE

頭和胸灰色，上體及翼橄欖綠色，下體黃色。活躍好動如鶯類，但站姿挺直，常混在其他鳥群中。叫聲為獨特的四節「silly billy」。

| 1 | 2 | 3 | 4 | 5 | 6 | 7 | 8 | 9 | 10 | 11 | 12 |

🏷 -

🐦 鳴禽

📏 13cm

⚥ 雌雄同色

🌲🌳

🌙 W

👁 不常見

1 成鳥（2008/10 • 李啟康）
2 成鳥（2006/2 • 許淑君）
3 幼鳥（2008/1 • 謝鑑超）

雀形目 Passeriformes

綬帶

Amur Paradise Flycatcher *(Terpsiphone incei)* 1046.mp3

1

頭 及喉部灰藍色,眼圈藍色,上體、上翼和尾部深栗色。胸部深灰色,腹部白色。香港可找到較為罕有的白色型,頭部深色有光澤,全身和尾羽白色。雌雄相似,不過冠羽較短和沒有長尾羽。活躍於樹冠間。

| 1 | 2 | 3 | 4 | 5 | 6 | 7 | 8 | 9 | 10 | 11 | 12 |

🏷 綬帶鳥
🐦 鳴禽
📏 22cm
⚥ 雌雄同色
🌳
🏠 M
👁 不常見

2

3

[1] (2006/10 • 黃卓研)
[2] (2007/2 • 何志剛)
[3] (2007/2 • 江敏兒・黃理沛)

◀)) 1047.mp3

紫綬帶

Japanese Paradise Flycatcher (Terpsiphone atrocaudata)

體型較綬帶鳥小一點，但看來較深色。頭及喉部黑藍色，有明顯藍眼圈，胸部偏黑，上體深紫紅色。雄鳥繁殖時有特長的尾羽。活躍於樹冠間。

| 1 | 2 | 3 | 4 | 5 | 6 | 7 | 8 | 9 | 10 | 11 | 12 |

名 紫綬帶鳥

🕊 鳴禽

📏 20cm

⚥ 雌雄異色

🏠 🌳 🏢

M

稀少

1 雄鳥（2007/4 • 鶴朗曦 • 關子凱）
2 雌鳥（2006/10 • 陳志雄）
3 未成年鳥（2005/10 • 江敏兒 • 黃理沛）

110

蒼背山雀
Cinereous Tit *(Parus cinereus)*

◀)) 1048.mp3

頭黑色，面頰有獨特白斑。上體灰色，翼黑色而邊緣白色。一道黑紋由喉部伸延至腹部中央。叫聲變化多端，如獨特的顫抖「磁－磁－」聲，伴有響亮的「即－即－」歌聲。

1	2	3	4	5	6	7	8	9	10	11	12

🏷 -

🐦 鳴禽

📏 14cm

⚥ 雌雄異色

🌊 🌲 🏢

🔄 R

👁 常見

1 雄鳥（2008/3 • 何志剛）
2 雌鳥（2006/12 • 謝鑑超）
3 幼鳥（2007/6 • 黃卓研）

山雀科 PARIDAE

黃頰山雀
Yellow-cheeked Tit *(Machlolophus spilonotus)*

🔊 1049.mp3

外貌獨特的山雀，頰黃色，頭上有黑色小冠。一道黑紋由喉部伸延至腹部中央。上體偏黑。常混在其他鳥群中，喜在樹林中層或樹冠之間活動。

| 1 | 2 | 3 | 4 | 5 | 6 | 7 | 8 | 9 | 10 | 11 | 12 |

名 -
🐦 鳴禽
📏 14cm
♂♀ 雌雄異色
🌳
📍 R
👁 稀少

1 雄鳥（2008/2 • 郭匯昌）
2 雌鳥（2008/3 • 李君哲）
3 幼鳥（2007/4 • 謝鑑超）

雀形目 Passeriformes

112

絨額鳾
Velvet-fronted Nuthatch *(Sitta frontalis)*

🔊 1050.mp3

鳾科 SITTIDAE

體型細小。頭部和上體淺紫監色，虹膜黃色，前額至眼先有黑斑，面頰淡粉紅色，雄鳥有黑色幼長眼眉。嘴紅色，幼鳥的嘴黑色。喉白色，下體淡黃褐色。常沿樹幹或樹枝上下爬行，有時會頭下腳上或腹部朝天倒懸。

1	2	3	4	5	6	7	8	9	10	11	12

🐦 -

🗣 鳴禽

📏 12cm

⚥ 雌雄異色

🌳

🏠 R

👁 常見

1 雄鳥（2007/5 • 李佩玲）
2 雄鳥（2004/11 • 孔思義・黃亞萍）
3 雌鳥（2008/3 • 呂德恒）

雀形目 Passeriformes

紅胸啄花鳥

Fire-breasted Flowerpecker *(Dicaeum ignipectus)*

🔊 1051.mp3

體型細小。雄鳥臉部和嘴部深色，頭、上體至腰深藍綠色，尾黑色。喉至下體淡黃褐色，胸前有一小片紅斑，紅斑之下有細長黑紋。雌鳥上體深褐色，腹部淡黃褐色，脇部兩旁較深色。鳴聲為沙啞而從容的「得－得－」聲。

| 1 | 2 | 3 | 4 | 5 | 6 | 7 | 8 | 9 | 10 | 11 | 12 |

🐦 -

🐦 鳴禽

📏 9cm

🔵 雌雄異色

🌳

🔵 R

🔵 稀少

1 雄鳥（2003/3 • 呂德恒）
2 雌鳥（2006/12 • 關朗曦 • 關子凱）
3 未成年鳥（2006/12 • 羅錦文）

朱背啄花鳥

Scarlet-backed Flowerpecker *(Dicaeum cruentatum)*

🔊 1052.mp3

體型細小。雄鳥的前額、後枕、上身以至腰部朱紅色，臉頰深灰色，翼深藍色而帶有金屬光澤。雌鳥上身褐綠色，下體顏色較淡，腰部朱紅色，而幼鳥則沒有朱紅色。飛行或在樹上跳動時，會發出輕快的「的－的－」聲。因共生的關係，啄花鳥在長了檞寄生植物的樹上特別活躍。

| 1 | 2 | 3 | 4 | 5 | 6 | 7 | 8 | 9 | 10 | 11 | 12 |

🏷 -

🐦 鳴禽

📏 9cm

⚥ 雌雄異色

🌳 🏢

🏠 R

👁 常見

1 雄鳥（2006/2 • 郭匯昌）
2 雌鳥（2007/1 • 李君哲）
3 未成年鳥（2007/1 • 李君哲）

♪ 1053.mp3

叉尾太陽鳥
Fork-tailed Sunbird *(Aethopyga christinae)*

體 型細小。嘴尖細及向下彎。雄鳥湖水藍色的頭帶金屬光澤，臉部紅色，上體綠色，腰黃色，尾部有兩條細長尾羽，看起來像「叉尾」，喉部和胸部紅色，下體淡黃色。雌鳥上身綠色，腰黃色，喉和下身淡黃色，沒有叉尾。叫聲為急速而輕柔的「zwink-zwink」。

1	2	3	4	5	6	7	8	9	10	11	12

- 鳴禽
- 9cm
- 雌雄異色
- R
- 常見

[1] 雄鳥（2007/3 • 陳志雄）
[2] 雄鳥（2007/3 • 陳志雄）
[3] 雌鳥（2007/3 • 林文華）

花蜜鳥科　NECTARINIIDAE

雀形目　Passeriformes

116

暗綠繡眼鳥

Japanese White-eye *(Zosterops japonicus)*

🔊 1054.mp3

1

體型細小。頭、上身及尾部綠色，有明顯的白眼圈，嘴和腳黑色。喉和臀部黃色，胸和腹部白色。常成群一起活動，叫聲為輕柔的「tzee-tzee」聲。

| 1 | 2 | 3 | 4 | 5 | 6 | 7 | 8 | 9 | 10 | 11 | 12 |

🏷 相思

🐦 鳴禽

📏 11cm

⚥ 雌雄同色

🌳 ♨ 🌲 🏢

🔄 R,M

👁 常見

[1] 成鳥（2008/10 • 黃卓研）
[2] 成鳥（2007/1 • 郭匯昌）
[3] 幼鳥（2008/4 • 馮漢城）

雀形目　Passeriformes

117

小鵐

◀)) 1055.mp3

Little Bunting *(Emberiza pusilla)*

1

小型的鵐。冠紋、眉紋和頰下紋粗而淡黃色，貫眼紋和冠側紋深褐色，面頰栗色。上體紅褐色，有深色的粗縱紋。下體白色，胸部和脇部有黑色縱紋。嘴灰色，腳淡紛紅色。

| 1 | 2 | 3 | 4 | 5 | 6 | 7 | 8 | 9 | 10 | 11 | 12 |

🐦 -

🐦 鳴禽

cm 12-14cm

⚥ 雌雄同色

🌊 ☷ ☷ ☘

❄ W

👁 常見

2

3

1 （2005/12 • 呂德恒）
2 繁殖羽（2006/2 • 江敬兒、黃理沛）
3 繁殖羽（2006/2 • 江敬兒、黃理沛）

灰頭鵐
Black-faced Bunting *(Emberiza spodocephala)* 🔊 1056.mp3

頭部深灰綠色，上體褐色，有濃密深色縱紋；下體淡黃色，有褐色縱紋。香港有幾個亞種，最常見的是 *personata* 亞種，有淡白色頰下紋，胸前有灰褐色縱紋。*Spodocephala* 亞種雄鳥頭為灰色，淡黃褐色下體，縱紋較少；雌鳥的顏色較淡，頭部沒有灰色。*Sordida* 亞種有黃色下體。

1	2	3	4	5	6	7	8	9	10	11	12

🐣 -

🐦 鳴禽

📏 14-16cm

⚥ 雌雄異色

🌾 🏞 🏞 🌳 🌳

🏠 W,M

👁 常見

1 雄鳥（2005/1 • 江敏兒，黃理沛）
2 雌鳥（2004/4 • 夏敖天）
3 未成年鳥（2008/2 • 宋亦希）

黑尾蠟嘴雀

Chinese Grosbeak *(Eophona migratoria)*

1

有黃色的大嘴，頭至上體灰褐色，喉至下體淡灰褐，脇部沾橙色，尾下覆羽奶白色。雄鳥頭部黑色。飛行時黑色翼上有白斑，尾羽開叉。

| 1 | 2 | 3 | 4 | 5 | 6 | 7 | 8 | 9 | 10 | 11 | 12 |

- 🐦 -
- 🔊 鳴禽
- 📏 16-18cm
- 🎨 雌雄異色
- 🌳 🌲
- ⬇ W
- ❖ 稀少

2

3

1 雄鳥（2007/12・馬志榮・蔡美蓮）
2 雌鳥（2005/12・孔思義・黃亞萍）
3 雌鳥（2008/3・吳璉宥）

燕雀科 FRINGILLIDAE

雀形目 Passeriformes

1057.mp3

120

白腰文鳥
White-rumped Munia *(Lonchura striata)*

◀)) 1058.mp3

梅花雀科 ESTRILDIDAE

嘴部黑色，呈圓椎形，前額、眼先和喉部黑色。頭、上體和胸部深褐色，腰部和腹部明顯白色。尾羽和飛羽黑色。常成群活動。

| 1 | 2 | 3 | 4 | 5 | 6 | 7 | 8 | 9 | 10 | 11 | 12 |

- 🐦 鳴禽
- 📏 11cm
- ♂♀ 雌雄同色
- R
- 👁 常見

[1] 成鳥（2004/11 • 呂德恒）
[2] 成鳥（2003/8 • 呂德恒）
[3] 幼鳥（2004/10 • 王學思）

🔊 1059.mp3

斑文鳥
Scaly-breasted Munia *(Lonchura punctulata)*

成鳥（2007/3・何志剛）[1]

嘴部黑色，呈圓錐形，眼先和喉部深褐色。頭、上體和胸部褐色，下體白色，胸和脇的羽毛邊緣褐色像鱗片，尾羽和飛羽褐色。常成群活動，有時與其他文鳥混在一起。叫聲為輕柔而重複的「mit-mit…」聲。

| 1 | 2 | 3 | 4 | 5 | 6 | 7 | 8 | 9 | 10 | 11 | 12 |

🐦 -

🐦 鳴禽

📏 11-12cm

🔵 雌雄同色

🏞

📍 R

❗ 常見

成鳥（2004/8・呂德恒）[2]
幼鳥（2007/12・陳家強）[3]

樹麻雀
Eurasian Tree Sparrow *(Passer montanus)*

 1060.mp3

香港最常見的麻雀。頭部褐色，白色面頰上有黑斑，眼先、喉部和嘴黑色。上體褐色，有黑色縱紋，下體淡灰褐色，脇部沾褐色，腳粉紅色。幼鳥面部和喉部黑色不明顯。

1	2	3	4	5	6	7	8	9	10	11	12

名 樹麻雀

鳴禽

15cm

雌雄同色

R

常見

1 成鳥（2004/6・黃卓研）
2 成鳥（2004/12・呂德恒）
3 幼鳥（2007/8・文權溢）

絲光椋鳥
Red-billed Starling *(Spodiopsar sericeus)*

🔊 1061.mp3

1

頭部灰白色，看來像絲絨。嘴和腳鮮紅色。上體淡褐灰色，翼和尾黑色而帶藍綠色金屬光澤。飛行時初級飛羽底部有白斑。冬天時成大群出現。

| 1 | 2 | 3 | 4 | 5 | 6 | 7 | 8 | 9 | 10 | 11 | 12 |

🐦 -

🎵 鳴禽

📏 21-24cm

⚥ 雌雄異色

🏞 W

👁 常見

2

3

1 雄鳥（2008/11 • 何志剛）
2 雌鳥（2008/3 • 陳家華）
3 雄鳥（2008/12 • 馬志榮 · 蔡美蓮）

灰椋鳥
White-cheeked Starling *(Spodiopsar cineraceus)*

1062.mp3

1

頭黑色，眼部周圍至臉頰有大片白斑，嘴和腳橙黃色。上體和翅膀深褐色，腰部明顯白色，尾端有白點。喉至上胸黑色，下體淡黃褐色。有時大群出現。

| 1 | 2 | 3 | 4 | 5 | 6 | 7 | 8 | 9 | 10 | 11 | 12 |

🐦 名 -

🎵 鳴禽

cm 20-23cm

⚥ 雌雄異色

🏞 🌲 🌊 🌳 🏢

🏠 W

👁 常見

1 雄鳥（2004/1・呂德恒）
2 雌鳥（2008/3・Aka Ho）
3 雄鳥（2009/2・鄭偉強）

125

黑領椋鳥

Black-collared Starling *(Gracupica nigricollis)*

🔊 1063.mp3

大型椋鳥，頭部白色，眼部周圍皮膚黃色。有明顯黑色領帶，上體和翼深褐或黑色，羽毛邊緣白色。嘴黑色，腳淡粉紅色。幼鳥沒有黑色領帶，頭部褐色。叫聲噪吵，常成群活動。

1	2	3	4	5	6	7	8	9	10	11	12

🔈 -

🐦 鳴禽

📏 26-30cm

🔵 雌雄同色

🏞 🌲 ≋ 🌳 🏭

🔵 R

👁 常見

1 成鳥（2008/11 • 陳家強）
2 幼鳥（2007/8 • 森美與雲妮）
3 成鳥（2004/12 • 呂德恒）

灰背椋鳥
White-shouldered Starling *(Sturnia sinensis)*

🔊 1064.mp3

頭部灰色，有白眼圈，嘴和腳灰色。上體灰色，肩部有一片大白斑，飛羽黑色，腰白色，下體白色。

1	2	3	4	5	6	7	8	9	10	11	12

🔤 名 -

🐦 鳴禽

📏 17-18cm

⚥ 雌雄異色

🌳🏢

🏠 M,Su

👁 常見

1 雄鳥（2004/5 • 夏敖天）
2 雌鳥（2007/6 • 黃卓研）
3 雌鳥（2008/6 • 葉紀江）

127

家八哥
Common Myna *(Acridotheres tristis)*

🔊 1065.mp3

1

頭 黑色，眼綠色，眼周有黃色裸皮。嘴和腳黃色，上體和下體深褐色，飛羽和尾羽黑色。腰白色。有時會與八哥一起活動。

1	2	3	4	5	6	7	8	9	10	11	12

🏷 -

🐦 鳴禽

📏 25-26cm

🐤 雌雄同色

🔵 R

👁 不常見

2

3

1 成鳥（2008/2 • 甘永樂）
2 成鳥（2007/4 • 森美與雲妮）
3 成鳥（2005/8 • 黃卓研）

八哥

Crested Myna *(Acridotheres cristatellus)*

🔊 1066.mp3

全身黑色而有光澤，虹膜橙黃色，嘴的上部和頭頂之間有長冠羽。嘴黃色，腳淡粉紅色。飛行時翼底的明顯大白斑，在靜止或站立時也能在翼上看見。

| 1 | 2 | 3 | 4 | 5 | 6 | 7 | 8 | 9 | 10 | 11 | 12 |

🐦 -

🐦 鳴禽

cm 26cm

🔵 雌雄同色

🏠 R

◆ 常見

1 成鳥（2007/5 • 森美與雲妮）
2 成鳥（2007/4 • 謝鑑超）
3 成鳥（2004/12 • 呂德恒）

129

黃鸝科 ORIOLIDAE

雀形目 Passeriformes

黑枕黃鸝
Black-naped Oriole *(Oriolus chinensis)*

🔊 1067.mp3

雄 性成鳥全身金黃色，有粗黑貫眼紋，與後枕的粗黑紋相連，飛羽和尾羽黑色。未成年或雌鳥接近黃綠色，眼部粗紋不明顯，胸部有深色縱紋。

| 1 | 2 | 3 | 4 | 5 | 6 | 7 | 8 | 9 | 10 | 11 | 12 |

🏷 -

🐦 鳴禽

📏 27cm

⚥ 雌雄異色

AM,B

❗ 稀少

1 雄鳥（2008/10 • 江敏兒、黃理沛）
2 未成年鳥（2004/9 • 呂德恒）
3 未成年鳥（2006/10 • 孔思義、黃亞萍）

130

黑卷尾
Black Drongo *(Dicrurus macrocercus)*

🔊 1068.mp3

全身黑色，上體羽毛有光澤。虹膜紅色，尾開叉呈「V」形。喜開闊地方，常立於顯眼處如電燈柱、電線、或樹枝上。有很強的領域保護行為，經常驅趕其他鳥類如麻鷹和喜鵲。

| 1 | 2 | 3 | 4 | 5 | 6 | 7 | 8 | 9 | 10 | 11 | 12 |

🏷 名 -

🐦 鳴禽

📏 30cm

🎨 雌雄同色

🌲🌳

🅜 M,Su

● 常見

1 成鳥（2005/4 • 夏敖天）
2 成鳥（2007/1 • 洪國偉）
3 未成年鳥（2007/9 • 李炳偉）

卷尾科 DICRURIDAE

🔊 1069.mp3

髮冠卷尾
Hair-crested Drongo *(Dicrurus hottentottus)*

頭 和嘴部大而粗厚，嘴後的細長羽毛伸延至頭後面。全身黑色，在陽光下可見到閃亮的銅輝。尾部闊大，沒有開叉，末端向兩旁翹起。有很強的領域保護行為，經常驅趕其他使用相同生境的鳥類。叫聲沙啞刺耳。

🐦 -

🐦 鳴禽

📏 32cm

🐦 雌雄同色

🌳 🏢

🔵 W,B

🔴 常見

1 成鳥（2008/10・江敏兒、黃理沛）
2 成鳥（2008/10・江敏兒、黃理沛）
3 成鳥（2006/11・陳燕明）

雀形目 Passeriformes

灰喜鵲

Azure-winged Magpie (*Cyanopica cyanus*)   🔊 1070.mp3

成鳥（2006/4・呂德恒）[1]

頭、嘴和腳黑色，上體淡褐灰色，飛羽和尾部天藍色，尾羽末端有白點。喉至下體淡白色，沾有褐灰色斑。米埔有一引入種群。

| 1 | 2 | 3 | 4 | 5 | 6 | 7 | 8 | 9 | 10 | 11 | 12 |

🏷 名 -

🐦 鳴禽

📏 38cm

🎨 雌雄同色

🌳

❌ -

⚠ 稀少

成鳥（2006/10・文權溢）[2]

成鳥（2008/10・黃卓研）[3]

[1] 成鳥（2006/4 • 呂德恒）
[2] 成鳥（2006/10 • 文權溢）
[3] 成鳥（2008/10 • 黃卓研）

133

紅嘴藍鵲
Red-billed Blue Magpie *(Urocissa erythrorhyncha)*

🔊 1071.mp3

引人注目的大型長尾鳥類。頭至胸部黑色，頭頂至後枕白色，嘴、虹膜和腳紅色。上體藍色，下體白色。有很長而帶藍色的尾羽，尾下羽毛黑色，末端有大白斑。常發出高音響亮的叫聲。通常小群活動。

1	2	3	4	5	6	7	8	9	10	11	12

🏷 -

🐦 鳴禽

📏 65cm

⚥ 雌雄同色

🌳 R

🔵 常見

1 成鳥（2009/1 • 郭匯昌）
2 成鳥（2004/6 • 呂德恒）
3 幼鳥（2007/5 • 李佩玲）

喜鵲

Eurasian Magpie *(Pica pica)*

🔊 1072.mp3

1

大型鴉科鳥類。全身黑色,在陽光下上身有藍色金屬光澤。肩及腹部白色。胸部、嘴和腳黑色。飛行時可見白色飛羽。叫聲為響亮的「格─格─」聲,喜在開闊地方的樹頂或電纜塔頂營巢。

| 1 | 2 | 3 | 4 | 5 | 6 | 7 | 8 | 9 | 10 | 11 | 12 |

🐣 -

🐦 鳴禽

📏 45cm

⚥ 雌雄同色

🏞

🔄 R

👁 常見

3

[1] 成鳥（2006/1 • 孔思義 · 黃亞萍）
[2] 成鳥（2005/1 • 何萬邦）
[3] 未成年鳥（2004/10 • 黃卓研）

135

🔊 1073.mp3

大嘴烏鴉
Large-billed Crow *(Corvus macrorhynchos)*

大型黑色烏鴉。嘴黑色而粗厚，與前額銜接成台階狀。叫聲為響亮的「鴉一鴉一」聲。香港最常見之烏鴉。

| 1 | 2 | 3 | 4 | 5 | 6 | 7 | 8 | 9 | 10 | 11 | 12 |

🐦 名 -

🐤 鳴禽

📏 51cm

🎨 雌雄同色

🔵 R

⚫ 常見

3

1 （2004/2 • 孔思義 · 黃亞萍）
2 （2003/12 • 呂德恒）
3 （2004/11 • 呂德恒）

家鴉

House Crow *(Corvus splendens)*

🔊 1074.mp3

大 型鴉類。全身黑色，嘴黑色粗厚，頸部灰褐色，與灰褐色胸帶連接。為外來引入鳥種，在市內局部地區常見。

1	2	3	4	5	6	7	8	9	10	11	12

🏷 名 -

🐦 鳴禽

📏 40cm

⚥ 雌雄同色

🏢

🏠 R

👁 不常見

③

1 成鳥（2005/1 • 黃卓研）
2 幼鳥（2003/8 • 呂德恒）
3 成鳥（2003/8 • 呂德恒）

中文鳥名索引

英文鳥名索引

學名索引

參考資料

*本書的鳥類分類採用「國際鳥類學會議」(International Ornithological Congress) 的分類方法

尹璉、費嘉倫、林超英　2005　香港及華南鳥類　香港：香港特別行政區新聞處

香港觀鳥會　2010　香港鳥類攝影圖鑑　香港：萬里機構

鄭光美 主編　2002　世界鳥類分類與分布名錄　北京：科學出版社

常用網頁

香港觀鳥會 *www.hkbws.org.hk*

香港天文台網頁　香港潮汐表 *http://www.hko.gov.hk/tide/cstation_select.htm*

香港觀鳥小圖鑑
陸地鳥類篇

著者
香港觀鳥會

編輯
林榮生

封面相片攝影

絲光椋鳥 ── 何志剛

美術設計
Nora

出版者
萬里機構出版有限公司
香港鰂魚涌英皇道1065號東達中心1305室
電話：2564 7511　傳真：2565 5539
網址：http://www.wanlibk.com

萬里機構

發行者
香港聯合書刊物流有限公司
香港新界大埔汀麗路36號中華商務印刷大廈3字樓
電話：2150 2100　傳真：2407 3062
電郵：info@suplogistics.com.hk

萬里 Facebook

承印者
中華商務彩色印刷有限公司

出版日期
二零一八年十月第一次印刷
二零一九年三月第二次印刷